美丽乡村生态建设丛书

农村水生态建设与保护

熊文　总主编

高林霞　葛红梅　主编

长江出版社
CHANGJIANG PRESS

图书在版编目（CIP）数据

农村水生态建设与保护 / 高林霞，葛红梅主编.
—武汉：长江出版社，2021.1
（美丽乡村生态建设丛书 / 熊文总主编）
ISBN 978-7-5492-7526-7

Ⅰ.①农… Ⅱ.①高… ②葛… Ⅲ.①农村－水环境－
生态环境建设－中国②农村－水环境－生态环境保护－
中国 Ⅳ.①X143

中国版本图书馆 CIP 数据核字(2021)第 008987 号

农村水生态建设与保护 　　　　　　　　　　　　　高林霞　葛红梅 主编

责任编辑：郭利娜
装帧设计：汪雪 彭微
出版发行：长江出版社
地　　　址：武汉市解放大道 1863 号　　　　　　　　　　邮　　编：430010
网　　　址：http://www.cjpress.com.cn
电　　　话：(027)82926557(总编室)
　　　　　　(027)82926806(市场营销部)
经　　　销：各地新华书店
印　　　刷：武汉市首壹印务有限公司
规　　　格：787mm×1092mm　　　1/16　　　10.75 印张　　　250 千字
版　　　次：2021 年 1 月第 1 版　　　　　　2021 年 1 月第 1 次印刷
ISBN 978-7-5492-7526-7
定　　　价：32.00 元

总 前 言

提到乡村，你第一时间会联想到什么？

是孟浩然"绿树村边合，青山郭外斜"的理想居住环境，是马致远"小桥流水人家"的诗意景象，还是传世名篇《桃花源记》中记载的悠然自得的农家生活？

是空心村、破瓦房、荒草地，是满眼荒芜、贫困破败，还是"晴天扬灰尘，雨天路泥泞"的不堪？

一直以来，这两种情景交织在一起，构成了人们对乡村的第一印象，也让现代人对乡村的情感变得复杂而纠结。

但从 2013 年开始，乡村建设却出现了历史性的重大转折。

这一年的 12 月，习近平总书记在中央城镇化工作会议上发出号召："要依托现有山水脉络等独特风光，让城市融入大自然，让居民望得见山、看得见水、记得住乡愁。"

这样诗一般的表述，让人眼前一亮，印象深刻。"山水""乡愁"不仅勾勒出了城乡建设的美好愿景，也为中国美丽乡村建设吹来了春风。

与此同时，习近平总书记还就建设社会主义新农村、建设美丽乡村提出了很多新理念、新论断。"小康不小康，关键看老乡。""中国要强，农业必须强；中国要美，农村必须美；中国要富，农民必须富。"这些脍炙人口的金句，不仅顺应了广大农村人民群众追求美好生活的新期待，更发出了美丽乡村建设的时代最强音。

随后，党的十九大报告正式提出乡村振兴战略。2018 年 1 月"中央一号文件"指出："推进乡村绿色发展，打造人与自然和谐共生发展新格局。乡村振兴，生态宜居是关键。良好的生态环境是农村的最大优势和宝贵财富。必须尊重自然、顺应自然、保护自然，推动乡村自然资本加快增值，实现百姓富、生态美的统一。"

2018 年 2 月，中共中央办公厅、国务院办公厅印发《农村人居环境整治三年行动方案》。该方案进一步指出："改善农村人居环境，建设美丽宜居乡村，是实施乡村振兴战略的一项重要任务，事关全面建成小康社会，事关广大农民根本福祉，事关农村社会文明和谐。"

2018 年 4 月，习近平总书记又对美丽乡村建设作出重要指示："我多次讲过，农村环境整治这个事，不管是发达地区还是欠发达地区都要搞，但标准可以有高有低。要结合实施农村人居环境整治三年行动计划和乡村振兴战略，进一步推广浙江好的经验做法，因地制宜、精准施策，不搞"政绩工程""形象工程"，一件事情接着一件事情办，一年接着一年干，建设好生态宜居的美丽乡村，让广大农民在乡村振兴中有更多获得感、幸福感。"

伴随着国家一系列政策的出台，全国各地掀起了一波又一波美丽乡村建设的热潮，乡村面貌也随之焕然一新，涌现出了许多美丽乡村建设样板，已然初步勾勒出了美丽中国版图上美丽乡村的新格局。

正是在这样的大背景下，长江出版社组织本书编著者策划了《美丽乡村生态建设丛书》，从农村水生态建设与保护、农村地区生活污染防治、农村地区工业污染防治、农业污染防治等方面，系统分析美丽乡村建设的现状与存在的问题，创新美丽乡村建设体制与机制，集成高新技术成果，提出实施的各项措施与保障体系，为推进乡村绿色发展、乡村振兴提供技术支撑。

经湖北省学术著作出版专项资金评审委员评审，本丛书符合《湖北省学术著作出版专项资金项目申报指南》的要求，属于突出原创理论价值、在基础研究领域具有重要意义的优秀学术出版项目，湖北省新闻出版局批准本丛书入选湖北省学术著作出版专项资金资助项目。

本丛书分为《农村地区生活污染防治》《农业污染防治》《农村地区工业污染防治》及《农村水生态建设与保护》，共四册。

在《农村地区生活污染防治》一书中，主要针对农村地区生活污染现状，系统分析了农村地区生活污染的类型、存在的问题与危害，全面梳理了农村地区污水污染防治、生活垃圾处理处置、生活空气污染防治的最新技术与治理模式，在此基础上结合近几年农村地区生活环境治理的诸多实践，选取典型案例分析，力求为美丽乡村建设提供参考和指导。

在《农业污染防治》一书中，从农业污染的概念着手，从种植业污染防治、养殖业污染防治、农业立体污染防治、农业清洁生产等方面进行了综合分析与梳理，提出了农业污染管控的具体政策建议。选取典型案例进行分析，为农业污染防治实施提供参考。

在《农村地区工业污染防治》一书中，系统分析了农村地区工业污染现状、存在的问题以及乡村振兴背景下农村地区工业产业的发展方向，重点选取了农产品加工业、制浆造纸业、建材生产与加工、典型冶炼业等农村地区工业行业，梳理总结了典型行业污染防治的现状、主要治理技术及管理措施，创新提出了乡村振兴背景下农村工业绿色发展对策建议。

在《农村水生态建设与保护》一书中，主要针对农村水生态系统的特点，系统分析了农村水生态建设与保护的现状和存在的问题，全面梳理了农村水生态监测调查与评价，农村水环境综合治理、水生态建设与保护、水安全建设与保护技术体系、对策措施，创新地提出了农村水生态建设与保护管理技术，剖析了部分典型案例以资借鉴研究。

本丛书的编纂工作，从最初的策划酝酿筹备，到多次研究、论证及编撰实施，历时近两年，全体编撰人员开展了大量的资料收集、分析、研究等工作，湖北工业大学资源与环境工程学院编写团队的多位权威专家、教授及编写人员付出了辛勤劳动和汗水。同时，长江出版社高素质的编辑出版团队全程跟踪书稿编写情况，及时沟通，为本书的高质量出版奠定了坚实的基础。本书在撰写过程中还得到了中国地质大学（武汉）、华中师范大学、长江水资源保护科学研究所、湖北省长江水生态保护研究院、湖北省协诚交通环保有限公司、湖北祺润生态建设有限公司、湖北铨誉科技有限公司、武汉博思慧鑫生态环境科技有限公司等单位相关专家给予悉心指导并提供资料，在此一并致谢！

因水平有限和时间仓促，书中缺点错误在所难免，敬请批评指正。

编　者
2020 年 12 月

前 言

　　每个农村孩子的童年记忆里，总有一条清澈见底的小河。春天，去河里捞水草喂鸭子；夏天，在河里嬉戏、游泳、抓鱼、摸虾；秋天，去河边摘芦苇花；冬天，到河面上溜冰。许多年后，这样美好的场景还历历在目。

　　可是有一天当我们怀着这份美好的憧憬，再回到这魂牵梦绕的地方，看到的却是散发着一股股臭味、水面上漂浮着各种垃圾、水泛着黄黑的颜色、鱼虾都销声匿迹的黑臭水体。

　　是什么让我们的农村变成这样？如何让农村再恢复到以前那个山清水秀的模样？

　　工业的快速发展，带动着农业也飞速向前，与此同时，大量的农药、化肥、人畜粪便等污染物也随之进入了农村水体中。但农村水体管理保护政策滞后，生态环境保护人员少，普通农民意识落后，硬件设施建设跟不上，导致了农村水体污染日益恶化，造成了现在的局面。

　　近十几年来，国家逐渐开始重视农村的水生态文明建设，致力于打造水域清澈、水质良好、山清水秀的新生态农村。

　　2005 年 8 月 15 日，时任浙江省委书记的习近平在安吉考察时首次提出"绿水青山就是金山银山"这一科学论断，并明确提出："如果把生态环境优势转化为生态农业、生态工业、生态旅游等生态经济的优势，那么绿水青山也就变成了金山银山。"

　　国务院办公厅于 2016 年 11 月印发河长制相关政策文件，明确通过全面推行河长制来解决我国复杂的水问题。河长制工作从水的不同角度细分河流工作任务，保证了河流在较长时期内拥有岸绿景美鱼游的健康良好生态环境。全面推行河长制，是以保护水资源、防治水污染、改善水环境、修复水生态为主要任务，全面建立省、市、县、乡四级河长体系，构建责任明确、协调有序、监管严格、保护有力的河湖管理保护机制，为维护河湖健康生命、实现河湖功能永续利用提供制度保障。

　　2017 年习近平总书记在党的十九大报告中作出实施乡村振兴战略的重大部署，着重指出："实施乡村振兴战略，要建成'生态宜居'的美丽乡村。"在乡村振兴战略中，农村水生态环境是制约乡村振兴的重要因素，构成了农业产业兴旺、农村生态宜居、农民生活富裕不可或缺的条件和保障。然而，正如习近平总书记所言，水已经成了我国严重短缺的产品，成了制约环境质量的主要因素，成了经济社会发展面临的严重安全问题。

　　基于目前农村水生态的现状和国家出台的多项保护和建设措施,我们编制了《农村水生态建设与保护》一书。在本书中,第 1 章介绍了农村水生生态系统的类型,不仅包括大家熟知的自然水生生态系统河流和湖泊,还包括人工水生生态系统水库、稻田、养殖水体和农田沟渠,同时还介绍了农村水生生态系统的特点、建设历程、措施与对策;第 2 章全面梳理了农村水生态监测调查与评价的主要内容和主要方法,农村水生态质量评价标准与排放标准;第 3 章指出了目前农村水环境的重大问题——黑臭水体和大量不达标水体,及其成因、存在问题、控制思路、治理技术和典型的治理案例;第 4 章分析了农村水安全现状,从饮用水安全现状分析、重难点和建设保障措施,到农村小水电站的现状、对水生态的影响和绿色发展对策,以及农村水生态生物多样性面临的问题和保护措施,并对典型案例进行了分析;第 5 章重点针对的是农村水生态环境保护管理技术,对相关法规和文件进行了解读,并对水生态环境管理的现状、问题和保护措施进行了剖析。

　　目前,我国农村水生态文明建设还处于比较落后的状态,但随着这一系列政策的提出,农民生态保护意识的提高,国家对农村的水生态建设的投入,农村的水生态环境会越来越好。希望此书的出版能为乡村水生态建设做出一点贡献。

　　由于水平有限和时间仓促,书中缺点错误在所难免,敬请专家和读者批评指正。

编　者
2020 年 2 月

目录

Contents

第1章　农村水生态建设与保护概述

1.1　农村水生态类别及特点

1.1.1　农村水体类别

水是一切生物生存的基础,是人类生活和生产活动中最基本的物质条件之一。工业用水、生活用水、农业灌溉、水产养殖、交通航运、旅游等各项事业的发展都与水资源和水环境息息相关。

农村水体是分布在广大农村的河流、湖泊、水库、稻田、养殖水体和农田沟渠等水体的总称,不仅包括常见的河流、湖泊自然水体,而且由于农村生产的特殊性,还包括水库、稻田、养殖水体、农田沟渠等人工水体。它们是农村大地的脉管系统,对旱涝起着调节作用,又是农业生产和农村生活的生命之源。

1.1.1.1　自然水体

(1)河流

河流是指由一定区域内地表水和地下水补给,经常或间歇地沿着狭长凹地流动的水流。河流是地球上水文循环的重要路径,是泥沙、盐类和化学元素等进入湖泊、海洋的通道。

我国天然河流连接起来,总长可达 45 万 km,流域面积在 $100km^2$ 以上的河流有 5 万多条,在 $1000km^2$ 以上的河流有 1580 条,超过 $10000km^2$ 的河流有 79 条。对河流的称谓也很多,较大的河流常称为江、河、水,如长江、黄河、汉水等;浙、闽、台地区的一些较短小河流,水流较急,常称为溪,如福建的沙溪、建溪等;西南地区的河流也有称为川的,如四川的大金川、小金川,云南的螳螂川等。

农村河流作为大江、大河的末梢,是陆地水循环的主要组成部分,如同人体内的毛细血管起着调养肌肤、促进新陈代谢的作用一样,不仅对整个农村的生态环境起着十分重要的作用,而且在很大程度上也影响到大江大河的河流健康。同时,由于人类近水而栖的天性,农村河流边分布着大量的人口和工厂,农村河流也是生活污水和工业废水的最终受纳水体。

河流在农村的主要作用为灌溉和防洪,作为水源调节系统服务农作物生长的所需水源,包括水的贮存、疏导等。

(2)湖泊

湖泊是在自然界的内外应力长期互相作用下形成的,是陆地水圈的重要组成部分,与大气圈、岩石圈和生物圈有着密切的联系;而整个自然界又都处在永恒的、无休止的运动和变

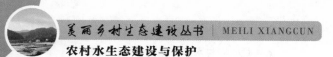

化中,各圈层互相作用的自然过程无不引起湖泊的变化。湖泊外部环境的变化,必将引起湖泊内部生态系统的变化,原有的生态平衡遭到破坏,最终必然导致湖泊生命的终结。所以说,湖泊相对于山、川、海洋而言,其生命要短暂得多。一般湖泊寿命只有几千年至万余年。它可以分为青年期、成年期、老年期和衰亡期。而人类的社会经济活动,大大地加速了湖泊的演化和消亡过程。

湖泊流域的水文地理学定义是指被分水岭包围的,以河流、湖泊为集水中心,包含丰富支流水系的集水区域。它是融生物群落、人类社会等要素于一体,各要素相互依存的复合系统,不仅具有蓄滞洪水、净化水体水质、改善当地气候、丰富生物多样性基因库等多种功能,同时,在国民经济和社会可持续发展中占有重要的位置。但由于人们对其功能特性认识不足,在高程度开发利用湖泊的过程中给湖泊带来了严重的污染,同时受人口和经济压力制约,我国湖泊水资源受到严重威胁,农村湖泊水资源问题尤为突出。农村水资源不仅仅是满足农村饮水等生活需要、灌溉农田的资源,同时也是很多农村经济来源和发展息息相关的重要资源。近年来,由于农村经济有了快速发展,农村产业结构调整,养殖业迅猛发展,大量化学肥料、禽畜粪便和各种污水入湖,农村水生生态系统受到了严重破坏,使得农村湖泊水资源环境恶劣。

1.1.1.2　人工水体

（1）水库

水库为拦洪蓄水和调节水流的水利工程建筑物。水库建成后,可起防洪、蓄水灌溉、供水、发电、养殖等作用。有时天然湖泊也称为水库（天然水库）。水库规模通常按库容大小划分为小型、中型、大型等。

水库的建设及其开发是我国水资源利用的重要手段之一。与此同时,水库的建设还为我国抗洪防灾贡献了不小的力量,其建设与开发一直是我国经济建设必不可少的一部分。水库既是一个自然综合体,又是一个经济综合体,具有多方面的功能:①为附近的地区提供自来水及灌溉用水;②利用水坝上的水力发电机来产生电力;③运河系统的一部分;④水库的防洪效益;⑤对库区和下游进行径流调节;⑥其他的用处包括渔业、养殖、航运、旅游和改善环境等,具有重要的社会效益、生态效益和经济效益。

（2）稻田

稻田是指生长水稻的水田。城镇、村庄、独立工矿区内筑有田埂（坎）,可以经常蓄水,用于种植水稻等水生作物的土地。稻田按水源情况分为灌溉水田和望天田两类。灌溉水田是指有水源保证和灌溉设施,在一般年景能正常灌溉,用于种植水生作物的耕地,包括灌溉的水旱轮作地。望天田是指无灌溉设施,主要依靠天然降雨,用以种植水稻、莲藕、席草等水生作物的耕地,包括无灌溉设施的水旱轮作地。水田因为水量供应充足而得名。在我国,主要分布于东部季风区内,而真正的大片水田却集中于南方地区,是专门种植水稻也是水稻主要生产的地区。

　　据统计,我国共有稻田面积 3.8 亿亩(1 亩 = 0.067hm²),稻田面积约占耕地总面积的 1/4,其分布范围相当广泛,南自海南省,北至黑龙江省北部,东自台湾省,西到新疆维吾尔自治区的伊犁河谷和喀什地区。稻田最大的特点就是人为地把固相(土壤)与液相(水体)两者紧密地结合起来。因此,它除了具有平面式旱地所有的种植功能外,还可以利用水体这一立体空间来进行综合养殖,如养鱼、蛙、螺等水生动物,以及浮萍和水葫芦等漂浮性水生植物,充分地发挥水体综合生产潜力。另外,旱地作物的耕作,强烈地受季节和气候的限制,如果品种选择不当,季节衔接不紧密,就无法保证旱地作物的稳产、高产。而稻田立体生态系统就不一样,它可以充分利用光热资源,在同一季节、同一时间有选择地使水稻、浮萍的生长和鸭的养殖在同一稻田空间内互利共生,各得其所,共同发展。

　　(3)养殖水体

　　养殖是以水体(包括池塘、水库、湖泊、河流等)为空间,投入饲料、肥料或依赖水体中的天然饵料,采用各项技术措施,饲养鱼类或其他水生动物,最终取得鱼或其他水产品,从而实现一定经济效益的活动。

　　池塘、水库、湖泊、河流都是养殖水体。本书已经介绍了水库、湖泊、河流,因此这里的养殖水体主要指池塘(俗称鱼塘)。池塘是指比湖泊小的水体。一般理想的池塘,要求面积较大,池水较深,光照充分,水源畅通,水质肥沃,交通方便,以利于鱼类的生长和产量的提高,并利于生产管理。具体在池塘面积和水深、土质和底质、水源和水质、池塘的形状和方向、布局与配套有相应要求。

　　(4)农田沟渠

　　农田沟渠为排水渠,是指人工挖掘的以排水为主要目的人工水道,是连接农田和受纳水体(湖泊、江河、湿地)的过渡区域,其对于农田径流是汇,而对于受纳水体是源。农田沟渠的目的是排水和灌溉,但是它不仅具有排水的作用,还担负着净化水质及维持农田生物多样性的任务,因此可以认为农田沟渠是具有一定的物理形态,具有人工和自然双重属性,能够发挥水利和生态等多方面功能的一种特殊的湿地生态系统。

　　随着农业现代化的发展,人们希望农田沟渠发挥更大的生态作用,在这种背景下农田沟渠常常定义为农田生态沟渠。它是指由水、土壤和生物组成,具有一定宽度和深度,既具有排水灌溉作用,又可以通过沟渠及其内部的植物组成实现生态拦截功能的农田沟渠湿地生态系统,该定义比较符合当前农田沟渠研究的趋势。

1.1.2　农村水生生态系统

　　一般认为,生态系统是指一定空间中的生物群落(动物、植物、微生物)与其环境组成的系统,其中各成员借助能量交换和物质循环形成一个有组织的功能复合体。从大类划分,生态系统由非生物部分与生物部分组成。非生物部分是由无机物质组成的,包含气象、地貌、地质、水文等条件,它是生物部分的环境,是生命支持系统。在生态学中,具体的生物个体和群体生活地段上的生态环境称为"生境"。水生生态系统是水生生物群落与水生生境相互作用、相互制约,通过物质循环和能量流动,共同构成具有一定结构和功能的动态平衡系统。水生生态系统分为淡水生态系统和海水生态系统。按照现代生态学概念,每个池塘、湖泊、水库、河流等都是一个水生生态系统,均由生物群落与非生物环境两部分组成。农村水生生态系统包括河流水生生态系统、湖泊水生生态系统、水库水生生态系统、稻田水生生态系统、养殖水体水生生态系统、农田沟渠水生生态系统等。其特点有如下方面:

(1)生物群落与生境的统一性

有什么样的生境就造就了什么样的生物群落,两者是不可分割的。如果说生物群落是生态系统的主体,那么生境就是生物群落的生存条件。一个地区丰富的生境能造就丰富的生物群落,生境多样性是生物群落多样性的基础。如果生境多样性受到破坏,生物群落多样性必然会受到影响,生物群落的性质、密度和比例等都会发生变化。在生境各个要素中,水又具有特殊的不可替代的重要作用。

(2)生态系统结构的整体性

从生物群落内部看,整体性是生态系统结构的重要特征。一旦形成系统,生态系统的各要素不可分割而孤立存在。如果硬性分开,分解的要素就不具备整体性的特点和功能。在一个淡水水域中,各类生物互为依存,互相制约,互相作用,形成了食物链结构。研究表明,一个生态系统的生物群落多样性越丰富即食物链越复杂,其组成的生态系统越稳定,其抵抗外界干扰的承载力越强。如果食物链(网)的某些重要环节缺省,即在生态学中称为"关键种"的缺省,对一个生态系统将产生重大影响。另外,从生物群落多样性角度看,一个健康的淡水生态系统,不但生物物种的种类多,而且数量比较均衡,没有哪一种物种占有优势,各物种间既能互为依存,也能互相制衡,使生态系统达到某种平衡态即稳态,这样的生态系统功能肯定是完善的。反之,如果一个淡水生态系统的生物群落内比例失调,会造成整个生态系统恶化。

(3)自我调控和自我修复功能

淡水生态系统结构具有自我调控和自我修复功能。在长期的进化过程中,形成了同种生物种群间、异种生物种群间在数量上的调控,保持着一种协调关系。在生物群落与生境之间是一种物质、能量的供需关系,在长期的进化过程中也形成了相互间的适应能力。水体自我修复能力也是淡水生态系统自我调控能力的一种。通过自我修复,在外界干扰条件下,保持水体的洁净。水体具有自我调控和自我修复能力,使淡水生态系统具有相对的稳定性。

(4)淡水生态系统的服务功能

在生态学中,把由生态系统为人类提供的物质和生存环境的服务性能称为生态系统服务功能。河流生态系统为人类提供的服务是多方面的。它为人类提供食品及其他生活物质;对气温、云量和降雨进行调节,在全球、流域、地区和小生境等不同的尺度上影响着气候;对水文循环起调节作用,具有缓解旱涝灾害的功能。流域植物能涵养水分,有利于水土保持；优美的水域景观具有旅游休闲功能。特别要强调的是，河流生态系统具有净化环境的功能，对于人类的生存环境具有关键意义。湿地历来就有"地球之肾"的美称，对于水体具有很强的净化功能。水生植物可以吸收、分解和利用水域中氮、磷等营养物质以及细菌、病毒，并可富集金属及有毒物质。

1.1.3　农村水生生物多样性

1.1.3.1　水生生物多样性组成

根据《生物多样性公约》的定义，生物多样性是指"所有来源的活的生物体中的变异性，这些来源包括陆地、海洋和其他水生生态系统及其所构成的生态综合体；这包括物种内、物种之间和生态系统的多样性"。生物多样性也是指生物及其与环境形成的生态复合体以及与此相关的各种生态过程的总和，由遗传（基因）多样性、物种多样性和生态系统多样性三个层次组成。

从物种多样性层次考虑，农村水生生态系统包含生产者（浮游植物、水生高等植物）、消费者（浮游动物、底栖动物、鱼类）和分解者（细菌、真菌）。依其环境和生活方式，水生生物可分为5个生态类群：①浮游生物。借助水的浮力浮游生活，包括浮游植物和浮游动物两类，浮游植物有硅藻、绿藻和蓝藻等，浮游动物有原生动物、轮虫、枝角类、桡足类。②游泳生物。能够自由活动的生物，如鱼类、两栖类、游泳昆虫等。③底栖动物。生长或生活在水底沉积物中，包括底生植物和底栖动物，底生植物有水生高等植物和着生藻类，底栖动物有环节动物、节肢动物、软体动物等。④周丛生物。生长在水中各种基质（石头、沉水植物等）表面的生物群，如着生藻类、原生动物和轮虫。⑤漂浮生物。生活在水体表面的生物，如浮萍、凤眼莲和水生昆虫。水中的微生物包括细菌、真菌、病毒和放线菌等，分属于上列不同的类群。这类生物数量多，分布广，繁殖快，在水生生态系统的物质循环中起着很重要的作用。各种生物在水中分布是长期适应和自然选择的结果。

1.1.3.2　我国重点流域水生生物多样性现状

我国水生生物多样性极为丰富，具有特有程度高、孑遗物种多等特点，在世界生物多样性中占据重要地位。我国江河湖泊众多，生境类型复杂多样，为水生生物提供了良好的生存条件和繁衍空间，尤其是长江、黄河、珠江、松花江、淮河、海河和辽河等重点流域，是我国重要的水源地和水生生物宝库，维系着我国众多珍稀濒危物种和重要水生经济物种的生存与繁衍。

（1）长江流域

据不完全统计，长江流域有淡水鲸类2种，鱼类424种，浮游植物1200余种（属），浮游动物753种（属），底栖动物1008种（属），水生高等植物1000余种。流域内分布有白鱀豚、中华鲟、达氏鲟、白鲟、长江江豚等国家重点保护野生动物，圆口铜鱼、岩原鲤、长薄鳅等特有鱼类，以及"四大家鱼"（青鱼、草鱼、鲢鱼、鳙鱼）等重要的经济鱼类。目前，长江流域已建有水

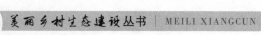

生生物、内陆湿地自然保护区 119 处,其中国家级自然保护区 19 处,国家级水产种质资源保护区 217 处。

(2)黄河流域

据不完全统计,黄河流域有鱼类 130 种,底栖动物 38 种(属),水生植物 40 余种,浮游生物 333 种(属)。流域内分布有秦岭细鳞鲑、水獭、大鲵等国家重点保护野生动物。目前,黄河流域已建有水生生物、内陆湿地自然保护区 58 处,其中国家级自然保护区 18 处,国家级水产种质资源保护区 48 处。

(3)珠江流域

据不完全统计,珠江流域有鱼类 425 种,浮游藻类 210 种(属),浮游动物 410 种(属),底栖动物 268 种(属),水生维管束植物 129 种。流域内分布有中华鲟、中华白海豚、鼋、花鳗鲡、金钱鲃、大鲵等国家重点保护动物,南方波鱼、海南异鱵等约 200 种特有鱼类。目前,珠江流域已建有水生生物、内陆湿地自然保护区 44 处,其中国家级水产种质资源保护区 27 处。

(4)松花江流域

据不完全统计,松花江流域已知鱼类 81 种,底栖动物 118 种(属),水生维管束植物 80 种,两栖爬行动物 23 种。流域内分布有濒危物种施氏鲟、达氏鳇,以及大麻哈鱼、乌苏里白鲑、日本七鳃鳗、细鳞鲑、哲罗鲑、黑龙江茴鱼、花羔红点鲑等珍稀冷水性鱼类。目前,松花江流域已建有水生生物、内陆湿地自然保护区 44 处,其中国家级自然保护区 19 处,国家级水产种质资源保护区 24 处。

(5)淮河流域

据不完全统计,淮河流域已知鱼类 115 种,水生植物 60 余种,两栖爬行动物 40 余种,浮游动物 200 余种(属),浮游植物 250 余种(属),底栖动物 70 余种(属)。流域内分布有中华水韭、莼菜、野菱和水蕨等国家重点保护植物,大鲵、虎纹蛙和胭脂鱼等国家重点保护动物。目前,淮河流域已建有水生生物、内陆湿地自然保护区 24 处,其中国家级自然保护区 1 处,国家级水产种质资源保护区 39 处。

(6)海河流域

据不完全统计,海河流域有鱼类 100 余种,底栖动物 72 种(属)。目前,海河流域已建有内陆湿地自然保护区 19 处,其中国家级自然保护区 3 处,国家级水产种质资源保护区 15 处。

(7)辽河流域

辽河流域已知鱼类 53 种,常见大型水生植物 16 种,流域内分布有斑海豹、江豚等国家重点的保护动物;鲂、鲤、鲫、乌鳢、辽河刀鲚、乔氏新银鱼、东北雅罗鱼、凤鲚、海龙、海马等重要的经济鱼类,以及中国毛虾、中华绒螯蟹、文蛤等水产资源。辽河流域已建有水生生物、内陆湿地自然保护区 25 处,其中国家级自然保护区 2 处,国家级水产种质资源保护区 8 处,另有"辽河保护区"1 处。

1.1.4　农村绿色小水电

1.1.4.1　小水电特点及作用

　　小水电从容量角度来说处于所有水电站的末端。它一般是指容量 5 万 kW 以下的水电站。我国小水电资源十分丰富，点多面广，特别是广大农村地区和偏远山区，适合因地制宜地开发利用。根据最近水能资源初步复查成果，小水电可开发量为 1.246 亿 kW，占全国水电资源技术开发量的 35%，居世界第一位。广泛分布在全国 30 个省（自治区、直辖市）的 0.16 万多个县（市），主要集中在西部地区，占全国的 67%，中部地区占全国的 17%，东部地区占全国的 16%。从资源的分布看，长江以南雨量充沛，河流陡峻，水力资源丰富，是开发小水电的重点地区。黄河与长江之间，小水电资源主要分布在大别山区、伏牛山区、秦岭南北、甘肃南部和青海省的部分地区。喜马拉雅山脉、昆仑山脉及天山南北、阿尔金山南麓为小水电资源比较集中的地区。华北及东北的小水电资源主要集中在太行山、燕山、长白山及大兴安岭等地区。小水电本身也具有一系列特点，例如：①分散性，即单站容量不大，但其资源到处存在；②对生态环境负面影响很小；③简单性，即技术是成熟的，不需要复杂昂贵的技术；④当地化，即当地群众能够参与建设，并可尽量使用当地材料建设；⑤标准化，即较易于实现设计标准化和机电设备标准化，以降低造价、缩短工期。小水电的规划、设计、施工、设备制造和运行管理要适应这些特点，方能达到技术先进、运行可靠、投资经济和成本低廉的效果。

　　小水电开发成效和作用主要有以下几点：①加快了贫困山区、民族地区经济发展和群众脱贫致富的步伐。小水电解决了大电网难以覆盖的老少边穷地区广大群众的用电困难。累计使 3 亿多无电人口用上了电，极大改善了农村居民的生产生活条件，增加了农民收入，加快了农民脱贫致富的步伐，促进了这些地区的经济发展。②加快了中小河流治理，改善了农业和农村生产条件，提高了防洪抗旱能力，促进了农业的发展。开发小水电，使数千条中小河流得到初步开发治理，累计增加库容约 500 亿 m^3，净增灌溉面积 200 万 m^3。近年来还解决了 0.7 亿多人、0.5 亿多头牲畜的饮水困难，治理水土流失面积 1.34 万 km^2。发展了以小水电为龙头的山区水利，提高了防洪抗旱和水利为农业服务的能力。③促进了生态建设和环境保护。我国小水电 1 年发电量相当于 0.34 亿～0.44 亿 t 标准燃煤，与相同数量的火电相比，可减少排放 1 亿 t 左右的二氧化碳。全国小水电供电地区约有 0.2 亿户农民使用电炊具，从而减少了用于燃料的木材砍伐量，保障了退耕还林、天然林保护等生态工程的实施。同时，对推动林区经济结构的调整，实现以林蓄水、以水发电、以电保林起到了促进作用。④形成了具有中国特色的小水电开发利用管理模式，小水电技术及设备制造能力达到了一定的水平。⑤开辟了国际合作的新途径。我国开发中小水电，建设有中国特色的农村电气化，消除贫困，保护环境，得到了国际社会的高度评价和广泛赞扬。

1.1.4.2　农村小水电站绿色发展

　　绿色小水电是指在环境、社会、经济和安全等 4 个方面表现优秀，处于行业先进水平的

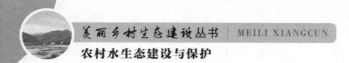

小水电站。绿色小水电评价是依据评价标准对运行阶段的小水电站进行评价,达到标准要求的电站可以获得经济激励。绿色小水电的发展兼顾水电开发和环境保护,对绿色小水电进行综合评价是农村水电开发管理领域中的一项创新性举措。

在我国水能资源中,小水电资源可开发量大,其开发在提高我国农村电气化水平、改善生产生活条件、保护生态环境等多方面作出了突出贡献,促进了农村经济社会发展,但小水电工程对当地的生态系统或多或少造成了一些不利影响。为了降低小水电开发的不利影响,促进经济、社会与环境的可持续发展,新时期的小水电必须是与绿色、可持续发展理念相结合的绿色小水电。绿色小水电就是人与自然和谐相处、人水和谐的小水电,即小水电工程在推动经济社会发展的同时,也要将对生态系统的不利影响控制在一定的范围内,实现经济社会与环境的可持续发展。如今生态保护已深入人心,小水电开发是否"绿色",如何评价绿色小水电成为水资源管理的重要研究问题。

2015 年 7 月,水利部发布了《绿色小水电评价标准(征求意见稿)》,规定了绿色小水电评价的基本条件、评价内容和评价方法,标准适用于单站装机容量 50MW 及以下以发电为主的、已投产运行 3 年及以上的小型水电站(不包括抽水蓄能电站和潮汐电站)。其中对绿色小水电包括环境、社会、管理和经济 4 个类别的评价内容。自 2016 年"中央一号文件"提出"发展绿色小水电"以来,我国统筹推进绿色水电建设,发挥小水电对生态环境保护的作用。2016 年 12 月,水利部印发了《关于推进绿色小水电发展的指导意见》(水电〔2016〕441 号文),明确发展绿色小水电要全面落实"创新、协调、绿色、开放、共享"的发展理念和"节约、清洁、安全"的能源发展战略方针,坚持开发与保护并重,新建与改造统筹,建设与管理统一;重点从科学规划设计、规范建设管理、优化调度运行、治理修复生态等方面落实绿色小水电发展任务;通过严格项目准入、依法监督检查、强化政策引导、增强公众参与和加强组织领导等举措,切实保障绿色小水电发展。提出到 2020 年,建立绿色小水电标准体系和管理制度,初步形成绿色小水电发展的激励政策,创建一批绿色小水电示范电站;到 2030 年全行业形成绿色发展格局。

2017 年 5 月 5 日,水利部发布了《绿色小水电评价标准》,并于 2017 年 8 月 5 日正式实施。该标准诠释了绿色小水电的内涵,规定了绿色小水电评价的基本条件、评价内容和评价方法,自 2012 年水利部提出"民生水电、平安水电、绿色水电、和谐水电"等"四个水电"建设以来,首次统一了我国绿色小水电的评判尺度和技术要求,明确了绿色小水电的创建目标,标志着我国绿色小水电建设步入了规范化轨道。2017 年 6 月,绿色小水电创建工作正式拉开帷幕,要贯彻"创新、协调、绿色、开放、共享"的发展理念,坚持"生态优先、绿色发展",着力构建政府引导、企业主体、标准领跑、政策扶持的绿色小水电建设新机制,充分发挥小水电的清洁可再生能源作用,妥善处理小水电开发与河流生态保护的关系,引导小水电行业加快转变发展方式、提质增效升级,走生态环境友好、社会和谐、经济合理、管理规范的可持续发展之路。按照规划,到 2020 年,我国将力争把单站装机容量 10MW 以上、国家重点生态功能区范围内 1MW 以上、中央财政资金支持过的电站创建为绿色小水电站。

1.1.4.3 《绿色小水电评价标准》

《绿色小水电评价标准》基于我国国情和可持续发展的理念,参考国际知名水电认证和我国水电工程环境影响评价的内容,在专项研究、广泛研讨和征求意见以及百余座典型水电站试点的基础上,按照水利行业技术标准的要求,历经 3 年编制而成。该标准的指标体系分为评价类别、评价要素和评价指标 3 个层级,共涉及生态环境、社会、管理、经济 4 个评价类别,下设 14 个评价要素、21 个评价指标。在生态环境评价类别,绿色小水电评价主要考虑水文情势、河流形态、水质、生物多样性、景观和温室气体减排 6 个评价要素;在社会评价类别,绿色小水电评价包括移民、利益共享以及水资源综合利用 3 个评价要素;在管理评价类别,绿色小水电评价主要涉及生产及运行管理、小水电建设管理及技术进步 3 个评价要素;在经济评价类别,绿色小水电评价主要考虑财务稳定性和区域经济贡献 2 项评价要素。在 4 个部分的评价内容中,环境保护和社会发展是小水电开发重点关注的内容,因此也是评价工作的重点,通过评价指标设置以及评价权重进行体现。

《绿色小水电评价标准》是在现阶段环评等基本要求之上,为支撑生态文明建设与绿色发展,保持与国家政策要求及社会发展趋势相适应,与国际高标准、严要求相接轨的选优标准。为确保通过评价的水电站成为示范典型,该标准设置了一系列准入条件,包括符合区域空间规划、流域综合规划以及河流水能资源开发规划等,依法依规建设并通过竣工验收;下泄流量满足坝(闸)下游影响区域内的居民生活、工农业生产用水以及下游河道生态需水要求;评价期内水电站未发生一般及以上等级的生产安全事故、不存在重大事故隐患、工程影响区内未发生较大及以上等级的突发环境事件或重大水事纠纷等。

1.1.5 涉水自然保护区

1.1.5.1 涉水自然保护区特点及分类

自然保护区是指对有代表性的自然生态系统、珍稀濒危野生动植物物种的天然集中分布区、有特殊意义的自然遗迹等保护对象所在的陆地、陆地水体或海域,依法划定面积予以特殊保护和管理的区域。在自然保护区中与水资源关系密切的自然保护区称为涉水自然保护区。

根据自然条件、经济社会状况、自然资源分布特点等因素,我国农村涉水自然保护区分布可划分为东北山地平原区、蒙新高原荒漠区、华北平原黄土高原区、青藏高原寒漠区、西南高山峡谷区、中南西部山地丘陵区、华东丘陵平原区和华南低山丘陵区等。

自然保护区分为国家级自然保护区和地方级自然保护区。在国内外有典型意义、在科学上有重大国际影响或者有特殊科学研究价值的自然保护区,列为国家级自然保护区。除被列为国家级自然保护区的以外,其他具有典型意义或者重要科学研究价值的自然保护区被列为地方级自然保护区。

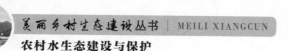

  农村涉水自然保护区具有下列特点之一:①典型的自然地理区域、有代表性的自然生态系统区域以及已经遭受破坏但经保护能够恢复的同类自然生态系统区域;②珍稀、濒危野生动植物物种的天然集中分布区域;③具有特殊保护价值的海域、海岸、岛屿、湿地、内陆水域、森林、草原和荒漠;④具有重大科学文化价值的地质构造、著名溶洞、化石分布区、冰川、温泉等自然遗迹;⑤经国务院或者省(自治区、直辖市)人民政府批准,需要予以特殊保护的其他自然区域。根据自然保护区的主要保护对象,将自然保护区分为自然生态系统类、野生生物类、自然遗迹类三个类别,其中自然生态系统类包括森林生态系统类型、草原与草甸生态系统类型、荒漠生态系统类型、内陆湿地和水域生态系统类型;野生生物类包括野生动物类型和野生植物类型;自然遗迹类包括地质遗迹类型和古生物遗迹类型。

  (1)自然生态系统类自然保护区

  自然生态系统类自然保护区,是指以具有一定代表性、典型性和完整性的生物群落和非生物环境共同组成的生态系统作为主要保护对象的一类自然保护区。主要可以分为4个类型。

  1)森林生态系统类型自然保护区,是指以森林植被及其生境所形成的自然生态系统作为主要保护对象的自然保护区。

  2)草原与草甸生态系统类型自然保护区,是指以草原植被及其生境所形成的自然生态系统作为主要保护对象的自然保护区。

  3)荒漠生态系统类型自然保护区,是指以荒漠生物和非生物环境共同形成的自然生态系统作为主要保护对象的自然保护区。

  4)内陆湿地和水域生态系统类型自然保护区,是指以水生和陆栖生物及共生境共同形成的湿地和水域生态系统作为主要保护对象的自然保护区。

  (2)野生生物类自然保护区

  野生生物类自然保护区,是指以野生生物物种,尤其是珍稀濒危物种种群及其自然生境为主要保护对象的一类自然保护区。它可以分为2个类型。

  1)野生动物类型自然保护区,是指以野生动物物种,特别是珍稀濒危动物和重要经济动物种种群及其自然生境作为主要保护对象的自然保护区。

  2)野生植物类型自然保护区,是指以野生植物物种,特别是珍稀濒危植物和重要经济植物种群及其自然生境作为主要保护对象的自然保护区。

  (3)自然遗迹类自然保护区

  自然遗迹类自然保护区,是指以特殊意义的地质遗迹和古生物遗迹等作为主要保护对象的一类自然保护区。它主要分为2个类型。

  1)地质遗迹类型自然保护区,是指以特殊地质构造、地质剖面、奇特地质景观、珍稀矿物、奇泉、瀑布、地质灾害遗迹等作为主要保护对象的自然保护区。

  2)古生物遗迹类型自然保护区,是指以古人类、古生物化石产地和活动遗迹作为主要保护对象的自然保护区。

1.1.5.2　自然保护区保护建设成效

自然保护区是保护自然资源和自然环境的战略基地,尤其在生物多样性就地保护方面具有不可替代的作用。我国是世界上生物多样性最为丰富的国家之一,建立并管理好自然保护区,对我国乃至全球生物多样性的保护均具有非常重要的意义。1956 年,广东鼎湖山自然保护区的建立,标志着我国自然保护区事业从无到有,经过近 60 年的努力,我国自然保护区事业取得了显著成绩。截至 2014 年底,全国(不含香港、澳门特别行政区和台湾地区,下同)共建立各种类型、不同级别的自然保护区 2729 个,保护区总面积 14699 万 hm² (其中陆地面积 14243 万 hm²),自然保护区陆地面积约占全国陆地面积的 14.84%,在全国范围内形成了一个类型齐全、布局基本合理的自然保护区网络。纵观我国自然保护区的发展历程,20 世纪 80 年代中期至 21 世纪初是发展的黄金时期,这期间建立的自然保护区数量和面积约占我国自然保护区总数量和总面积的 90%以上,而这一时期正是我国国民经济高速发展的时期。经济的高速发展不可避免地导致对自然资源需求的增加,并加剧了对环境的破坏。为减少经济发展对资源和环境的压力,各级人民政府从抢救保护的立场出发,划建了一大批自然保护区,但这些自然保护区很多未经过科学论证,更谈不上进行全面的综合科学考察,甚至不少保护区的建立仅是一纸文件,并未确定其边界范围。因此,目前尚无人能够准确回答我国自然保护区的实际保护面积有多少,自然保护区保护了多少生态系统、多少动植物,这在一定程度上制约了我国自然保护区事业的健康发展。针对上述问题,对我国自然保护区的建设和管理状况进行了全面的总结和分析,已摸清了我国自然保护区的建设现状和保护成效状况,其成果主要有以下几个方面:

1)在我国已批准建立的 2729 个自然保护区中,目前已经界定范围或范围基本明确的有 1657 个,其中国家级 428 个,省级 693 个,市级 172 个,县级 364 个,分别占各级别自然保护区数量的 100%、81%、42%和 35%;已经界定范围或范围基本明确的自然保护区有效保护面积为 12993 万 hm²,其中核心区 4201 万 hm²,缓冲区 3981 万 hm²,实验区 4150 万 hm²,未分区保护区面积 661 万 hm²。

2)自然保护区建设对保护我国的生物多样性发挥了极为重要的作用,自然保护区内分布的自然植被类型约占我国自然植被类型总数的 90.2%,高等植物约占我国高等植物种数的 81.25%;国家重点保护野生植物中约有 89.8%在自然保护区内有不同程度的分布,国家重点保护野生动物中约有 89.7%在自然保护区内有不同程度的分布。

3)自然保护区对我国自然遗迹的保护成效同样十分显著。除极个别类型外,我国不同类型的自然遗迹(含地质遗迹和古生物遗迹)在自然保护区内均有不同程度的分布,包括地质遗迹类型和古生物遗迹类型的自然保护区,全国共有 220 个自然保护区将自然遗迹列为主要保护对象或主要保护对象之一。

4)我国自然保护区受人为活动干扰现象比较严重。据初步统计,已经界定范围或范围基本明确的 1657 个自然保护区内分布的居民数量达 1256 万人,其中核心区 102 万人,缓冲

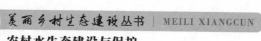
区 196 万人,实验区 811 万人。绝大多数已建自然保护区均不同程度受到人类活动的影响,少数自然保护区的结构和功能因人为活动而遭到严重破坏。

5)我国自然保护区已初步建立起以财政投入为主体的经费渠道,但不均衡现象比较明显,表现在:国家级自然保护区投入远高于地方级自然保护区;基础设施建设投入较为充足而管理经费投入不足;不同行政主管部门管理的自然保护区经费投入差异显著。

6)自然保护区管理工作落后于保护区建立的速度,具体表现在:自然保护区勘界确权推进速度慢,全国尚有 1072 个自然保护区至今仍无明确的边界范围;管理机构不健全,全国仍有 875 个自然保护区尚未建立相应的管理机构,占保护区总数的 32.1%;资源本底不清,绝大多数地方级自然保护区尚未开展过资源本底调查。

1.2　农村水生生态系统特点

1.2.1　河流生态系统

河流生态系统是河流、溪流中生物类群与其生存环境相互作用构成的具有一定结构和功能的系统,同时也是淡水生态系统中的主要类型之一。

从河流形态结构角度来看,河流生态系统一般由流水生态子系统和河漫滩生态子系统两部分构成。

流水生态子系统的首要特征是具有连续的水流,这在很大程度上决定着河流的许多理化性质和生物的沿程变化。同一河流在不同河段的不同时期流速常有很大变化,某些区域还可能处于静水状态。河流中通常存在急流带、滞水带和河道带三种生境。急流带指流速大、底质坚硬的浅水区;滞水带指水流缓慢、底质常松软的深水区;某些河流的下游水流平缓,急流带与滞水带差别基本消失,这部分河道称为河道带。流水生态子系统的另一特征是水陆与水空交界面较大,与邻近其他生态系统进行物质和能量交换频繁,是更开放的生态系统。河水中溶解氧通常较充足,热分层和化学分层现象不明显。受河流流量季节变化大和外源输入的不确定性影响,河流的化学组分往往因时间和距离的不同而发生很大变化。河流生态系统中生物类群按所处生境不同可分为急流带、滞水带和河道带生物群落。急流带生物群落主要是一些着生藻类和各种昆虫幼虫,生活在这里的生物都具有特别的形态结构,明显适应流水环境;滞水带生物群落主要有丝状藻类;河道带生物群落类似于静水生物群落,除河流生物外,还可见很多静水生物。

河漫滩生态子系统环境状况和生物呈周期性变化,包括适于在河流冲积物上生长的湿生(沼生)植物群落、中生植物群落和旱生(沙生)植物群落。湿生植物群落距河岸较远,土壤水分含量较高;旱生(沙生)植物群落距河岸较近,土壤水分含量较低;中生植物群落则分布介于两者之间,以中生植物为主。汛期河漫滩易遭水淹没而变为流水生态子系统。在高河漫滩地带,由于受淹没时间较短或常年不被水淹没,许多地方成为农田生态系统。

研究河流生态的特征和类型,可科学合理地开发利用水生生物资源,有效地保护水生态环境。河流生态系统的生境与陆地或湖泊、水库生境相比有其特点,正是这些特点造就了河流生物群落的多样性。河流生境形态多样性表现为以下 5 个方面:

(1)水陆两相和水汽两相的联系紧密性

与湖泊相对照,河流是一个流动的生态系统。河流与周围的陆地有更多的联系,水域与陆地间过渡带是两种生境交汇的地方,由于异质性高,使得生物群落多样性的水平高,适于多种生物生长,优于陆地或单纯水域。水陆连接处的湿地,栖息的动物包括大量水禽、鱼类、两栖动物等,生长的植物就有沉水植物、挺水植物和陆生植物,并以层状结构分布。此外,河流也是连接陆地与海洋的纽带,河口三角洲是滨海盐生沼泽湿地,热带及亚热带的河口三角洲形成红树林生态系统。

因为河流水体一般处于流动状态,水深又往往比湖水浅,所以河流水体含有较丰富的氧气。河流水体是一种联系紧密的水气两相结构,特别在急流、跌水和瀑布河段,曝气作用更为明显。

(2)上、中、下游的生境异质性

大江大河大多发源于高原,流经高山峡谷和丘陵盆地,穿过冲积平原到达宽阔的河口。上、中、下游所流经地区的气象、水文、地貌和地质条件有很大差异。如长江流域为典型亚热带季风气候,流域辽阔,地理环境复杂,各地气候差异很大,且高原峡谷河流两岸常有立体气候特征,流域内形成了急流、瀑布、跌水、缓流等不同的流态。

河流上、中、下游生境受多种异质性很强的生态因子描述,由此形成了极为丰富的流域生境多样化条件,这种条件对于生物群落的性质、优势种和种群密度以及微生物的作用都产生重大影响。在生态系统长期的发展过程中,形成了河流沿线各具特色的生物群落,形成了丰富的河流生态系统。

(3)河流纵向的蜿蜒性

自然界的河流都是蜿蜒曲折的,不存在直线或折线形态的天然河流,且河流的河势也处于演变之中,使得弯曲与自然裁弯两种作用交替发生,但弯曲或微弯是河流的趋向形态。另外,也有一些流经丘陵、平原的河流在自然状态下处于分汊散乱状态,一些分汊散乱状态的河流主槽形成明显的干流,往往是由于人类治河工程的结果。蜿蜒型是自然河流的重要特征。从河流整体形态角度观察,蜿蜒型使得河流形成主流、支流、河湾、沼泽、急流和浅滩等丰富多样的生境。从局部河段的尺度观察,在河流凹侧水流的顶冲淘刷,使河床形成局部深潭,而在河的凸侧由于流速较低,泥沙淤积形成浅滩。这样沿河流流向,出现了水深和流速的多样性变化,形成了深潭与浅滩交错、急流与缓流相同的格局。在这种丰富的生境条件下,形成丰富多样的生物群落,即急流生物群落和缓流生物群落。急流生物为了在高流速中生存,或具有生态环境游泳的流线型的体型,或具有适于钻入石缝以防被冲走的扁平体型,

或具有持久附着在固定物上的能力。缓流生物群落一般生活在河流深潭区,是生物的避难所。

（4）河流断面形态的多样性

蜿蜒型自然河流的横断面多有变化,河流的横断面形态多样性,表现为非规则断面,也常有深潭与浅滩交错的布局出现。在浅滩生境,光热条件优越,适于形成湿地,供鸟类、两栖动物和昆虫栖息。在深潭生境,鱼类和各类软体动物丰富,是肉食性候鸟的食物来源,鸟粪和鱼类肥土又促进水生植物生长。

由于水文条件随年周期循环变化,河流河湾湿地也呈周期性变化。此外,在洪水季节水生植物种群占优势。水位下降后,水生植物让位给湿生植物种群,是一种脉冲式的生物群落变化模式。在深潭里,太阳光辐射作用随水深加大而减弱。红外线在水体表面几厘米即被吸收,紫外线穿透能力也仅在几米范围。水温随深度变化,深层水温变化迟缓,与表层变化相比存在滞后现象。由于水温、阳光辐射、食物和含氧量沿水深变化,在深潭中存在着生物群落的分层现象。

1.2.2　湖泊生态系统

湖泊生态系统指湖泊水体的生态系统,属静水生态系统的一种。湖泊生态系统的水流动性小或不流动,底部沉积物较多,水温、溶解氧、二氧化碳、营养盐类等分层现象明显。湖泊生物群落比较丰富多样,分层与分带明显。水生植物有挺水植物、漂浮植物、沉水植物,植物体上生活着各种水生昆虫及螺类等,浅水层中生活着各种浮游生物及鱼类等,深水层有大量异养动物,水体的各部分广泛分布着各种微生物。各类水生生物群落之间及其与水环境之间维持着特定的物质循环和能量流动,构成一个完整的生态单元。随着由湖到陆的演变,湖泊生态系统将经历贫营养阶段、富营养阶段、水中草本阶段、低地沼泽阶段直到森林顶极群落,最终演变为陆地生态系统。不当的人类活动（如围湖造田）将加速这种演变的进程。

湖泊是在自然界的内外应力长期互相作用下形成的,是陆地水圈的重要组成部分,与大气圈、岩石圈和生物圈有着密切的联系。而整个自然界又都处在永恒的、无休止的运动和变化中,各圈层互相作用的自然过程无不引起湖泊的变化。湖泊外部环境的变化,必将引起湖泊内部生态系统的变化,原有的生态平衡遭到破坏,最终必然导致湖泊生命的终结。湖泊相对于山、川、海洋而言,其生命要短暂得多。一般湖泊寿命只有几千年至万余年,它可以分为青年期、成年期、老年期和衰亡期。而人类的社会经济活动,大大地加速了湖泊的演化和消亡过程。

由于湖泊生态的脆弱性,加上人类不合理地利用湖泊资源,我国绝大多数湖泊的良性生态系统遭受到不同程度的破坏。其主要表现如下：①盲目围垦,导致湖泊缩小,其至消亡；②过度用水,导致湖泊萎缩,水质变差；③水质污染严重和富营养化过程加速；④水资源开发利用不当和过度捕捞使湖泊水产资源面临枯竭。

1.2.3 水库生态系统

水库生态系统由水库水域内所有生物与非生物因素相互作用,通过物质循环与能量流动构成的具有一定结构和功能的系统。水库生态系统由库内水域、库岸及回水变动区的水生生态系统和陆地生态系统两部分组成。水库的环境条件与天然湖泊有许多相似之处。

水库生态系统还有不同于天然湖泊的特点。水库的水位相对不稳定,生物生产力一般低于天然湖泊。水库的热能、氧气和营养物收支依其排放方式而异,如果水间设在水坝底部,则排出的就是温度低、营养丰富、氧气贫乏的水,而温度高、营养缺乏、氧气充足的水留在水库内,若从水库表面排水,则与天然湖泊基本相同。

1.2.3.1 水库生态系统生境特征

水库作为生物栖息地,可按光照条件和水力条件划分为库岸及回水变动区、沿岸带、敞水带和深水带 4 个不同的生境。

(1)库岸及回水变动区

在库水位低时露出,恢复河流生态系统特征;在库水位较高时淹没,又变为水生生态系统,具有季节性交替变换特点。

(2)沿岸带

沿岸带指靠近岸边,日光能透射到底部的浅水区,光线充足,温度高,水中富含溶解氧和营养物质。

(3)敞水带

敞水带是沿岸带以外的全部水域内从水面到光的有效透射深度(补偿深度)以上的水层。在所谓的补偿深度处光合作用放出的氧气正好满足呼吸作用的消耗,其光照强度通常为饱和光强的 1%。沿岸带和敞水带都属于光亮带表水层。

(4)深水带

敞水带以下,即从补偿深度至水底的区域是深水带,这里光照微弱或无光线,不能进行光合作用。

1.2.3.2 水库生态系统生物群落特征

依据水库各生境特点的不同,水库生物群落又可分为库岸及回水变动区、沿岸带、敞水带和深水带 4 个群落类型。沿岸带生物群落的生产者主要包括底生植物和各种藻类,其次是漂浮植物。底生植物从岸边到深处依次分布有挺水植物、浮游植物和沉水植物。藻类主要包括硅藻、绿藻和蓝藻。漂浮植物主要有浮萍、满江红、水浮莲等。沿岸消费者生物极为丰富,包括淡水生物中的浮游植物、浮游动物、底栖生物等生态类群,而动物的垂直成带现象比水平成带更为明显。敞水带生物群落生产者包括浮游植物和一些浮游自养菌。浮游植物主要有甲藻、硅藻、绿藻和蓝藻等,个体小,但生产力相当高,是水库生态系统中的主要生产

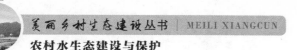

者。敞水带消费者主要包括浮游动物和多种鱼类。浮游动物主要为桡足类、枝角类和轮虫，与沿岸带种类有明显区别，其种类组成和数量分布随浮游植物而变动。鱼类通常与沿岸带相同，以浮游生物为食的中上层鱼类成为优势种群。

1.2.4 稻田生态系统

稻田生态系统是土壤生态系统的一个分支，也是农田生态系统的重要组成部分。因为需淹水栽培，所以不论生态系统的结构功能，也不论物质循环强度均与一般旱作农田生态系统有显著差异，它完全是人类农业生产活动的产物。

稻田生态系统以田块作为样块，向周边扩展，或与另一稻田生态样块为邻，或与旱地、果园及自然土壤毗连。因为造田过程地表进行平整，在一个田块之内平整程度不超过 5cm，以达到寸水棵棵稻的要求，所以其边界清晰。稻田生态系统的另一个特点是淹水种稻，土壤每年有 4～8 个月为一层水幕所掩盖，在冬春两季、冬闲或种旱作物，周期性干湿交替使土壤中化学物理过程变得十分复杂，同时由于长期淹水，强烈地改变土壤地下水状况，形成了人工区体水文效应。由于长期渍水，在物质循环与能量传递方面也有特色，在水旱交替条件下，与有机物质累积的同时，在种稻时期，有大量甲烷、氨气、一氧化二氮逸出，在旱季则不同，从而影响了大气层组成。由于稻田灌排自如，利用集约，物质循环强度一般高于旱地，且其轮种套作制也较为稳定。

总之，稻田生态系统是一个开放度很高的农田生态系统，生物系统、土壤系统同水土体系相互作用，既是稻田生态系统能量物质流通的结果，也是生物产量高而稳定的物质基础。作为一个生态系统而言，稻田生态系统的特点可概括为作物（生物）系统、土壤（含微生物）系统与人为环境（主要指稻田类型），同时水土联系（主要指渗漏速度）其间，形成具有特色的农田生态系统。

1.2.5 养殖水体生态系统

养殖水体生态系统是一个复杂的生态系统。水产养殖是在人工干预下有经济价值的水生生物的生产过程，是自然过程和人工过程的有机结合。养殖水体水面以上有阳光、空气；塘基上有陆生植物；水中有鱼、水生植物、昆虫、溞类、藻类、真菌、细菌、病毒以及有机物。池底有淤泥，同样也生长着上述生物及有机物。它们之间存在着相养、相生、相帮、相克等极其复杂的关系，生态养殖就是合理利用它们之间的相生、相养、相帮、相克的关系，生产我们所需要的水产品。合理利用它们之间的关系，不管是从经济效益还是社会效益和环境效益，都能达到一个最好的结果。

养殖水体生态系统是一种人工生态系统。它具备天然生态系统的一切共性，但在人类控制和影响下，在结构和功能上又有其特点。

1）养鱼池面积小、水浅，易受天气及人类活动的影响，非生物环境的变化很大。同一池塘在一个生长期内可经历贫营养型、中营养型、富营养型到腐营养型的不同阶段。由于冬季常排干水，养殖水体又具有间歇性水体的许多特点。

2）生物群落不是自然发展起来的，主要在人类的支配和影响下形成，种类组成趋于单纯化，种间的相互适应能力一般较差，优势种突出。

3）生产者几乎全由浮游植物组成，大型消费者中鱼类都是人工放养，浮游动物和底栖动物大多由具有保护性结构、世代时间短、繁殖快、生态辐射广的种类组成。

4）初级生产力高，外来有机质量大，食物链短，生产力高。

5）生境易变和群落组成的简单化，降低了系统本身的自我调节能力，生态系统的稳定性较差。

1.2.6　农田沟渠生态系统

农田沟渠通常是指天然形成的裸露在地表或者以排水为目的而挖掘的水道，一般不包括埋设在农田地表以下的暗管排水管道。农田沟渠在以下几个方面区别于其他大型水体：规则的线性形状，与附近的陆地之间有着密切的物质和有机体交换，大多数沟渠较浅，水位变化较大，沟渠呈干涸状态的机会较大，主要用作农田排水。农田沟渠生态系统不仅作为农田水利基础设施的重要组成部分，通过及时降渍排涝为农业高产稳产起到保驾护航的作用，而且作为农业生态系统的重要组成部分，对于维持农业生态系统平衡和流域生态系统健康有着重要作用。农田沟渠作为农田景观中的廊道，同样具有物质传输通道、过滤或阻隔、物质能量的源或汇、生物栖息地等方面的生态功能。

长期以来，人们主要关注的是农田沟渠调节水分平衡等水利功能，对其环境效应和生态功能研究相对较少，研究发现有以下几点：

（1）调节水分平衡

农田沟渠作为农田水利基础设施的最主要功能就是及时将田间过多的水分排出农田，起到排涝降渍的作用。由深度和宽度大小不尽相同的排水沟渠组成农田排水沟渠网络，可以迅速地将农田积水排走。农田排水和灌溉沟渠共同组成了农田水分调节器及其与河流湖泊之间水流的连通器。由于农田沟渠具有大小不等的存贮空间，在雨季田间水分较多时，农田沟渠可以作为农田排水的汇，通过存贮田间过多的水分，减少淹没农田和发生洪水的机会；在干旱少雨的季节，沟渠中存留的水分可以用来补充农田水分亏缺，成为田间灌溉来水的"源"。

（2）影响农田物质循环过程

作为农田中的廊道景观类型，农田沟渠显著影响农田生态系统中各种物质循环过程。近年来，氮素和磷素等营养物质过多输入水体，导致富营养化的问题越来越突出。国内外学

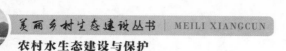
者开始注意到农田沟渠在农业面源污染物运移过程中发挥的作用。在降雨过程中,农田营养物质在雨滴的打击作用和溶解作用下,以颗粒态或者溶解态的形式离开土壤表面,通过田间壕沟和农田沟渠系统逐渐汇集,直至迁移出农田生态系统,农田沟渠主要起到传输廊道的作用。营养物质在农田沟渠流动过程中可以通过底泥截留吸附、植物吸收和微生物降解净化等多种机制被持留、吸收、固定或脱离排水沟渠,此时农田沟渠扮演着营养物质汇的角色。

(3)管理措施对农田沟渠的影响

农田沟渠的管理维护措施主要有清淤、收割植物和控制水位等。通过适当的管理措施,不仅可以维持排水沟渠的水利功能,而且可以提高其生态功能和增加生物学价值。对排水沟渠清淤后,沟渠的排水能力进一步提高,沟渠底部累积的养分和污染物通过清淤移出沟渠,改善沟渠内地表水水质。

1.3 农村水生态建设历程

1.3.1 农村水生态建设背景

党的十六届五中全会通过了《中共中央 国务院关于推进社会主义新农村建设的若干意见》,提出了在"十一五"期间,必须抓住机遇,加快改变农村经济社会发展滞后的局面,扎实稳步推进社会主义新农村的建设。总体要求"生产发展、生活富裕、乡风文明、村容整洁、管理民主",紧紧围绕全面建设小康社会的总体目标,坚持以人为本、环保为民,坚持以土壤污染和畜禽养殖污染为防治重点,强化农村环境综合整治,坚持因地制宜、重点突破,以试点示范为先导,逐步解决农村"脏、乱、差"问题,有效遏制农村环境污染加剧趋势,改善农村生活与生产环境,建设"清洁水源、清洁家园、清洁田园"的社会主义新农村,为全面建设小康社会提供环境安全保障。

党的十七届三中全会报告明确提出了 2020 年农村改革发展基本目标任务,"资源节约型、环境友好型农业生产体系基本形成,农村人居和生态环境明显改善,可持续发展能力不断增强"作为其重要内容。2008 年 7 月,国务院召开了新中国成立以来第一次农村环境保护工作电视电话会议,会议从建设生态文明、统筹城乡发展、改善和保护民生的高度,深刻阐述了加强农村环境保护的重要性,并就今后一个时期的目标任务和工作重点进行了全面部署。

党的十八届五中全会报告明确提出,坚持绿色发展,必须坚持节约资源和保护环境的基本国策,坚持可持续发展,坚定走生产发展、生活富裕、生态良好的文明发展道路,加快建设资源节约型、环境友好型社会,形成人与自然和谐发展现代化建设新格局,推进美丽中国建设,为全球生态安全作出新贡献。促进人与自然和谐共生,构建科学合理的城市化格局、农业发展格局、生态安全格局、自然岸线格局,推动建立绿色低碳循环发展产业体系。加快建设主体功能区,发挥主体功能区作为国土空间开发保护基础制度的作用。推动低碳循环发展,建设清洁低碳、安全高效的现代能源体系,实施近零碳排放区示范工程。全面节约和高效利用资源,树立节约集约循环利用的资源观,建立健全用能权、用水权、排污权、碳排放权初始分配制度,推动形成勤俭节约的社会风尚。加大环境治理力度,以提高环境质量为核心,实行最严格的环境保护制度,深入实施大气、水、土壤污染防治行动计划,实行省以下环保机构监测监察执法垂直管理制度。筑牢生态安全屏障,坚持以保护优先、自然恢复为主,实施山水林田湖生态保护和修复工程,开展大规模国土绿化行动,完善天然林保护制度,开展蓝色海湾整治行动。

　　党的十九届四中全会报告提出,生态文明建设是关系中华民族永续发展的千年大计。必须践行绿水青山就是金山银山的理念,坚持节约资源和保护环境的基本国策,坚持以节约优先、保护优先、自然恢复为主的方针,坚定走生产发展、生活富裕、生态良好的文明发展道路,建设美丽中国。坚持和完善生态文明制度体系,促进人与自然和谐共生。并从“实行最严格的生态环境保护制度”“全面建立资源高效利用制度”“健全生态保护和修复制度”“严明生态环境保护责任制度”4 个方面进行了具体部署。生态文明制度体系是生态文明建设的制度依据和制度保障,是中国特色社会主义制度的重要组成部分。坚持和完善生态文明制度体系,对于促进人与自然和谐共生、实现中华民族永续发展具有十分重要的意义。要科学把握新时代坚持和完善生态文明制度体系的总体要求,全面贯彻落实党的十九届四中全会关于坚持和完善生态文明制度体系的重大决策部署,把习近平生态文明思想贯彻落实到生态文明制度体系建设的各方面、各环节和全过程。

1.3.2　农村水生态建设内容

　　农村水生态文明建设具有丰富的内涵,强调农村水生态环境的综合治理、农户与农村水资源之间的和谐关系、农村水安全的长效保障和农田水利工程的系统整合及其经济社会效益。从子维度来看,目前学术界关于农村水生态文明建设的研究已经取得一定的进展。

1.3.2.1　农村水环境治理

　　农村水环境治理是与农业生产、农民健康、农村环境密切相关的重要因素。目前关于农村水环境治理的研究集中在农村水环境治理主体、治理模式与治理实践 3 个方面。19 世纪70 年代,我国华北、东北、华中等地区出现严重的水环境问题,国家出台了一系列政策进行整治,但是由于我国特殊的自然环境、粗放的经济发展方式以及不协调的区域经济发展模式,水环境问题虽然得到一定控制但是难以长效维护。农村水环境治理的要求尤为紧迫,由于工业污水的排放及化学肥料的污染,农业生产条件不断恶化。

　　随着资源流动和共享程度的不断加深,流域内与流域间的水环境污染问题日益凸显,对于水环境治理的思考角度需要进一步拓展,必须充分考虑流域内上下游区域、流域两岸地区以及流域间的协同治理问题。基于不同区域的特征,从整体性视角出发的合作治理模式是一种解决跨界环境问题的可行路径。总体而言,从以政府为主体的机制探索到多元主体联动参与,从立足独立区域的思考到流域内乃至跨流域的整体规划,关于水环境治理的研究正不断丰富和完善,但是新形势下农村水环境问题也呈现出新的特点,仍然有待学者进行进一步探索。

1.3.2.2 农村水资源及其供给

农村水资源关系到农业现代化的进程,更影响农业经济的可持续发展,然而部分农村地区水资源贫乏,这在很大程度上制约了农村地区的发展。

我国农村水资源供给很难满足农业用水的需求,水贫困成为解决"三农问题"的重要阻碍,为此只有探索出一种新的利益协调机制,赋予农户用水的自由权,才有可能提高农业用水效率,解决水资源贫乏的难题。

1.3.2.3 农村水安全及水旱灾害防治

农村水安全问题主要指干旱、洪涝、污染等与水相关的问题。水安全的概念最早在2000年斯德哥尔摩水会议上提出,指人类生存发展过程中发生的与水相关的问题,这是比较广泛的水安全概念。

农村地区受到旱涝灾害的影响较为普遍,然而抵御旱涝灾害的能力却不强,因此国家应当加强农村水安全的监管,调动农户参与水安全管理的积极性,这是保障农村水安全最为有效的途径。

1.3.2.4 农田水利设施建设

农田水利设施是农业生产的命脉,其供给不仅影响到国家粮食安全、农产品供给及农民收入,也会对水生态文明及节水型社会建设产生深远影响。

在农田水利建设过程中,政府应当作为引导者,以粮食主产区的主要农田水利设施以及投资成本较高的项目为实施重点;市场应积极承担起农田水利管理的责任;同时调动农户的投资积极性,为农田水利设施建设构建一种可行的管理模式。

1.3.2.5 无污水处理设施

随着经济的发展,农村居民的生活水平都有很大的提高,但是生活方式并没有随之发生变化,人们还是按照传统的生活方式生活,如生活污水直接排放、随处泼洒。据统计,全国农村污水处理率仅22%,由于农村地区的居民居住分散,很难对生活污水进行统一处理,因此农村地区生活污水也是对水环境造成污染的主要原因。

1.3.2.6 环境保护意识薄弱

首先,从农民来说,由于对环境危害的源头和危害程度往往认识不清,比较看重有形的经济利益而对潜在的环境危害往往忽略。其次,对一些私营企业,他们普遍认为只要能给当地带来经济利益就可放心大胆干,无视环境污染带来的恶果。最为严重的是许多地方人民政府以发展经济为首要目标,认为促进经济发展、脱贫致富就是最大的功绩。此外,我国最基层环保部门是县一级环保机构,乡镇一级尚无相关职能部门。行政管理体制存在的种种缺陷以及地方人民政府环保意识薄弱,严重影响农村环境状况。

1.3.3　农村水生态建设问题

1.3.3.1　乡镇企业环境污染的转嫁

随着农村城镇化进程的加快,乡镇企业迅速发展,以小型工矿企业和乡镇企业为主的经济区域越来越多。首先,这些企业中相当一部分属于效益较差、能耗较大、环境污染较严重的企业,而且企业技术含量低,尤以造纸、纺织、煤炭、非金属矿制品、化工及食品加工业为主。其次,由于城市对环境污染企业的严厉制裁,许多效益较差、能耗较大、环境污染较严重的企业转移到了郊区小城镇,从而使环境污染问题也转移到了农村。第三,乡镇企业领导和职工的环境意识淡薄,整体环境管理水平落后,工业布局不合理,而且由于乡镇企业设备陈旧、技术落后,多采用土法生产,又没有治理设施,污染物直接外排。往往是一家小造纸厂、小印染厂污染一条河,一个小冶炼厂、小采选厂毁掉一座山。农村的工业污染已使全国 20 万 km^2 的耕地遭到严重破坏。最后,在一些地区,领导片面追求经济效益,忽视环境保护,地方保护主义严重,对其区域内的重污染企业采取放纵、保护的态度,甚至阻挠环保部门执法。

1.3.3.2　化肥农药及农用薄膜污染加剧

我国正处于由传统农业向现代农业转型的初期,农业生产方式发生了重大变化,以前的农家肥等有机肥料被农药、化肥等广泛取代。据统计,2016 年,全国农用化肥使用量6000.5 万 t,比 2015 年减少 18.5 万 t,这是自 1974 年以来首次出现负增长。2017 年,国内化肥消费量进一步下降至 5859 万 t;2018 年,国内化肥消费量下降至约 5823.2 万 t,较上年同比下降 0.61%,化肥使用量连续三年出现负增长。我国耕地面积占世界耕地面积的 7%,氮肥的使用量却为世界的 30%,磷肥使用量为世界磷肥使用量的 26%。大量采用化肥和农药等生产要素,农业生产率大幅度提高,产量显著增加,但是出现农业环境污染、生态环境恶化、水资源枯竭等问题。我国目前约有 70% 的氮素进入了环境,大部分进入水环境,污染地表水和地下水;我国每年农药用量 337 万吨,这些农药 90% 进入我们的生态环境,其中10%~20% 的农药附着在植物体,80%~90% 的农药散落在土壤、水、大气中,然后化肥、农药等通过农田排水及地表径流等方式排入受纳水体,引起地表水体的富营养化。与此同时,地表水再渗入地下水中,严重影响了地表水和地下水的水质。这就是农业非点源污染。国内外学者普遍认为,在全球范围内非点源污染物是污染地表水和地下饮用水水源的最重要的因素,其对水域生态系统将会带来长期和潜在的污染问题,而引发水环境的全面退化。此外,农用薄膜应用广泛,破损后成碎片难自然降解,从而影响土壤的渗透性,也是造成水污染

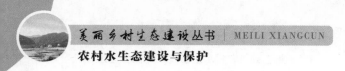
的一个重要原因。

1.3.3.3　畜禽养殖有效管理缺乏

农村畜禽养殖业也会带来水环境的污染。有调查数据表明,养殖1头牛产生并排放的废水超过22个人生活产生的废水,养殖1头猪产生的污水相当于7个人生活产生的废水。养殖家畜、家禽作为农民增收的一个重要手段,城乡畜牧业规模发展迅速,畜禽养殖业从农户的分散养殖转向集约化、工厂化养殖。对畜禽养殖及其污染物排放缺乏有效管理,相关的屠宰场、孵化场往往直接将动物血、废水、粪便等倾倒入附近的水体,导致大量的氮、磷流失,河道水体变黑,富营养化严重。

1.3.3.4　污水灌溉引发后果恶劣

近年来,不仅污水灌溉面积大幅度增加,而且水中污染物浓度增高,有毒有害成分增加。大量未经处理的污水直接用于农田灌溉,已经造成土壤、作物及地下水的严重污染。污水灌溉已成为我国农村水环境恶化的主要原因之一,直接危害灌溉区的饮水及食物安全。

1.3.3.5　无污水处理设施

随着经济的发展,农村居民的生活水平都有很大的提高,但是生活方式并没有随之发生变化,人们还是按照传统的生活方式生活,如生活污水直接排放、随处泼洒。据统计,全国农村污水处理率仅22%,农村地区的居民居住分散,很难对生活污水进行统一处理,农村地区生活污水也是对水环境造成污染主要原因。

1.3.3.6　环境保护意识薄弱

对于农民来说,他们对环境危害的源头和危害程度往往认识不清,比较看重有形的经济利益,而对潜在的环境危害往往忽略。其次,对一些私营企业,他们普遍认为,只要能给当地带来经济利益就可放心大胆干,无视环境污染带来的恶果。最为严重的是,许多地方人民政府以发展经济为首要目标,认为促进经济发展、脱贫致富就是最大的功绩。此外,我国最基层环保部门是县一级环保机构,乡镇一级尚无相关职能部门。行政管理体制存在的种种缺陷,以及地方人民政府环保意识薄弱,严重影响农村环境状况。

1.3.4　农村水生态建设实践与进展

农村水生态文明建设具有丰富的内涵,强调农村水生态环境的综合治理、农户与农村水资源之间的和谐关系、农村水安全的长效保障和农田水利工程的系统整合及其社会效益、经济效益。目前,我国关于农村水生态建设已经取得一定的进展。

1.3.4.1　农村水环境治理

为提高农村生活污水治理能力、改善农村人居环境和生态环境、打好打赢农业农村污染治理攻坚战,近年来,全国各地人民政府多措并举地推进农村水环境治理工作,并取得了阶段性成效。

　　吉林省生态环境厅、吉林省农业农村厅等八部门联合印发了《吉林省推进农村生活污水治理行动方案》(吉环发〔2020〕3 号文),通过八项措施共同推进农村生活污水治理。一是全面摸清污水排放与治理现状;二是科学编制污水治理专项规划;三是制定水污染物排放标准;四是合理设计污水治理方式;五是统筹推进农村厕所革命;六是促进生产污水资源化利用;七是加强污水处理设施建设与运行管理;八是推进农村黑臭水体治理。农村生活污水治理目标:到 2020 年,一部分基础较好、具备条件的地区,村庄污水治理率明显提高,运行维护机制基本建立,治理基本见效。各市(州)开展污水治理的村庄数不低于本地区农村环境综合整治年度任务的 10%。到 2025 年,污水乱排乱放得到有效管控,实现污水治理设计合理、建设规范、运行稳定、管理有序目标。农村黑臭水体治理目标:以房前屋后河塘沟渠为重点,到 2020 年,完成农村黑臭水体排查,启动试点示范。到 2025 年,经过治理的河塘沟渠无污水直排,底部无明显黑臭淤泥,岸边无垃圾,形成一批可复制推广的农村黑臭水体治理模式。到 2035 年,基本消除农村黑臭水体。下一步,吉林省将抓好八项工作措施的落地落实,加强人员培训、资金保障和科技创新,建立运管机制,强化调度与督导考核保障,使农村生活污水治理早日见效,提升广大人民群众的获得感。

　　四川省总河长办公室印发了《加强农村水环境治理助力乡村振兴战略实施工作的方案》,并于 2019 年全面启动农村水环境治理,明显改善农村河湖“脏乱差”面貌,推进美丽宜居乡村建设;2020 年,通过开展垃圾、污水、厕所“三大革命”,提高农村生活垃圾处理及农村面源污染治理能力,有效实现水环境污染源头减量,农村水环境质量明显改善;2022 年底前,农村河湖管理、垃圾处理、污水治理、面源污染治理等长效机制建立,建成河畅、水清、岸绿、景美的宜居乡村,并在此基础上持续巩固治理成果,推动农村水环境质量不断改善。

　　截至 2018 年 11 月,江苏省宿迁全市乡镇污水处理设施覆盖率达 88.2%;农村河道实现常态化疏浚整治,近 3 年来共疏浚县乡河道 330 条,整治村庄河塘 663 处,疏浚土方 2480 万 m³,已建成生态河道 16 条,年底前将再完成 20 条生态示范河道建设;全面完成禁养区养殖场关停搬迁工作,非禁养区养殖场治理率达 82.5%;农村改厕普及率达 91.58%,“五位一体”(即组保洁、村收集、镇集中、县区转运、市县处理)农村生活垃圾收处体系基本建立,农村水环境整治取得阶段性成效。下一阶段,将在以下 5 个方面持续发力,以促进全市农村水环境整体迈上新台阶。

　　(1)统筹规划系统治理

　　按照突出重点、示范引领、分步推进的原则,2018 年底以县、区为单位完成河道整治规划编制,2019 年完成 40% 以上农村河道综合整治任务,2020 年完成 80% 以上农村河道综合整治任务,2021 年基本完成农村河道综合整治任务,2022 年巩固提升农村河道整治成效,基本消除农村黑臭水体。

　　(2)全面提升污水收集处理能力

　　组织各地加快污水处理设施建设,确保 2018 年底前实现乡镇污水处理设施全覆盖。鼓

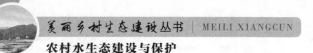

励各地创新建管模式,推动村庄污水处理设施建设,到 2020 年,实现规划保留村庄污水处理设施覆盖率达到 90% 以上。

(3)完善污水处理运行保障机制

理顺污水处理行业管理体系,强化污水处理运行监管指导。研究健全污水处理设施运行保障机制,确保镇村污水处理设施的可持续良性运行。

(4)强化面源污染治理

健全河道垃圾收处机制。推动农村地区垃圾收处体系向河道延伸,实现河道垃圾收处全覆盖,常态化开展河边垃圾、塘边杂草等脏乱差治理行动,确保垃圾不入河,消除生活垃圾对农村水环境的影响。加大秸秆资源化利用力度。开展秸秆还田效果评估,深入系统研究秸秆无害化利用,保障大气、水体质量。加强化肥农药使用管理。源头把控,过程提效,持续减少化肥农药使用量,降低对水质的影响。

(5)加大管护经费投入

整合各类涉农资金,加大各级财政对农村河道长效管护的资金投入力度,以河长制为抓手,进一步落实基层河长管护责任,消除河道"乱占、乱建、乱垦"现象,推动各地建立"道路、绿化、垃圾、河道"四位一体的管护模式,综合做好道路管养、绿化养护、河道管护等工作。

1.3.4.2 农村水资源供给

我国农村水资源供给很难满足农业用水的需求,水贫困成为解决"三农问题"的重要阻碍。针对农村饮用水问题,2015 年 6 月 4 日环境保护部办公厅、水利部办公厅以环办〔2015〕53 号文印发了《关于加强农村饮用水水源保护工作的指导意见》。该意见分为分类推进水源保护区或保护范围划定工作、加强农村饮用水水源规范化建设、健全农村饮水工程及水源保护长效机制、进一步加强组织领导、强化宣传教育和公众参与 5 部分。截至 2019 年底,调查农村千吨每万人规模水源地 10630 个,完成保护区划定 7281 个,占 68.5%,湖北等 11 个省基本完成了千吨每万人水源保护区的划定工作。由于农村水源量大面广,水源周边存在居民生活、农家乐、农业种植、养殖业等,如何实现水源保护与经济发展的双赢,包括群众利益的维护依然是当前面临的工作难点。

1.3.4.3 农村水安全及水旱灾害防治

党的十八大以来,水利部门加快水利工程的建设,成立加快推进水利工程建设领导小组,建立重大水利项目审批部际联席会议制度,启动多项重大水利工程。一些战略性、全局性的水利工程开始在农业生产、防洪抗旱等方面发挥重要作用,为保障农业生产、促进农村经济平稳较快发展提供了强有力的保障。数据显示,截至 2017 年底,国务院部署的 172 项重大水利工程已有 118 项开工建设,在建投资规模超过 9000 亿。2013—2017 年,全国防洪减淹耕地面积达到 2.27 亿亩,减灾经济效益达到 6186 亿元。

为了进一步夯实农业基础,除了防汛抗旱工作之外,国家加大力度实施农业节水灌溉工程,取得了显著成效。高效节水灌溉降低了成本,提高了作业效率,也为农民带来了实实在在的收益。五年来,全国新增高效节水灌溉面积近 1 亿亩,高效节水灌溉较常规灌溉亩均增产粮食 10%～40%,其中东北节水增粮行动发展高效节水灌溉面积 3800 万亩,河北地下水超采区已发展高效节水灌溉面积 700 多万亩。

针对饮水安全问题,国家陆续出台了《关于农村人畜饮水工作的暂行规定》《2005—2006年农村饮水安全应急工程规划》等多项政策,投入专项资金解决农村饮水的实际问题。仅"十二五"期间,先后投资 1769 亿元用于农村饮水安全工程的建设。截至 2017 年,全国农村集中式供水人口比例已经由 58% 提高至 82%,农村自来水普及率也提高至 76%。截至2018 年 11 月,我国已累计解决了 5 亿多农村人口饮水安全问题。目前,我国已查明并列入规划的血吸虫疫区、砷病区、涉水重病区等饮水安全问题全部得到解决,中重度氟病区村的饮水问题基本得到解决。

1.3.4.4　农村水利设施建设

我国农村水利建设取得了举世瞩目的成就,农田有效灌溉面积位居世界第一,农村饮水工程惠及 9.4 亿农村人口,为打赢脱贫攻坚战、实施乡村振兴战略奠定了坚实的水利基础。

70 年来,我国基本形成了较为完善的农田灌排工程体系和灌排设施管理体制机制,有力保障了国家粮食安全。新中国成立前,水利基础设施严重缺乏,灌排能力严重不足,粮食生产能力低下。70 年来,我国持续开展以发展灌溉面积为核心的大规模农田水利建设,实施大中型灌区续建配套与节水改造,大力发展节水灌溉,同时开展田间渠系配套、"五小水利"、农村河塘清淤整治等建设,已建成大中型灌区 7800 多处,小型农田水利工程 2000 多处,灌溉用水效率和效益大幅度提高。截至 2018 年,我国灌溉面积超过 11 亿亩,其中农田有效灌溉面积 10.2 亿亩,灌溉面积位居世界第一,为促进农业生产、抵御自然灾害和保障粮食安全提供了有力保障。

目前,我国已建成比较完整的农村供水体系,可服务 9.4 亿农村人口。截至 2018 年底,全国共建成农村供水工程 1100 多万处,农村集中供水率达到 86%,自来水普及率达到81%,位于发展中国家前列。农村供水工程在提高农村居民生活质量、改善农村人居环境、增进民族团结等方面作用明显,极大地促进了贫困地区农民脱贫增收和农村经济发展。

1.4　农村水生态建设措施与对策

1.4.1　农村水生态建设措施

(1)提高认识,转变观念

加强农村水环境保护宣传教育,运用多种媒体、介质或发放水资源宣传手册,举办水资源节约与保护和环保主题等活动;提高农村居民对农村水资源、水环境与水生态保护的意识,调动公众积极参与农村水环境保护;开展节水教育活动,使节水课程进入中小学课堂,逐

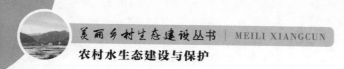

步养成良好的生活习惯,从而解决农村居民水环境保护意识薄弱的问题。

(2)加强农村水环境保护基础设施建设,推广农村污染整治技术

多渠道争取和筹措资金,整合水务、农业、环保和财政资金,加大对农村环保的投入,加强加快污水集中收集与处理、垃圾收集转运与处理等基础工程建设,着力解决突出的环境问题。生活污水采取集中收集、人工湿地处理模式。固体垃圾和地表径流污染治理则依托地方的管理机构,采用村收集—镇集中—县处理的城乡生活垃圾一体化处置模式,由专职管理人员定期进行垃圾的收集与处理,尽量减少对村塘和河道的堵塞、污染和影响。大力发展生态养殖,减少畜禽养殖污染,并采取生态处理技术做到养殖废水达标排放。建设生态农业,减少农药化肥的用量;根据面源污染物迁移转化的不同阶段,分别在源头区、沟渠和湖滨带采取高效节水和科学施肥手段、生态处理技术和人工湿地生态处理技术。实施高效集约型水产养殖模式,减少饵料饲料的投放量;在水产养殖区建设生态处理工程,采用人工湿地等技术对水产养殖区废污水进行处理,实现水资源循环利用或者达标排放。加大农村工业企业的监督管理,对未达标排放的工业企业实行限期整治;对于污染严重的工业企业,要坚决关停,促进乡村工业污水的达标排放。

(3)调整农业生产方式和发展方式

一方面,要切实转变现有粗放农业生产方式,减少农业生产对化肥、农药的依赖。在农业生产中要科学规范使用化肥农药,减少对水生态环境的破坏。同时,大力发展节水农业,大力引入农业科技,实现质量兴农、绿色兴农、科技兴农,实现农业生产方式转型升级。另一方面,引入市场力量来发展农村的第二产业和第三产业,通过进一步完善农村基础设施来增强农村对于各种资本的吸引力。通过创办农村淘宝店以推进农村电子商务发展;通过开发乡村旅游路线、兴建乡村民宿、生态农场等来发展农村第三产业。通过以上举措,实现基于农业生产方式、农村经济发展方式转型升级"双轮驱动"的农村一、二、三产业融合发展体系。

(4)加快农村水利基础设施建设势在必行

首先,加快农村饮用水安全清洁输送工程建设,保证农村饮用水的水质安全。饮用水安全是农民生活的基本条件,是关乎农民健康的重要因素,也是农村水利基础设施建设的重点工程。其次,加快农业生产的水利灌溉设施。目前,大部分农村还停留在"靠天吃饭"的阶段,农业生产活动受气候变化影响尤为突出,通过兴修水利灌溉系统,将极大提高农业生产活动应对季节性气候变化和极端天气的能力。再次,加快推进水利基础设施的清淤修复和管理工作,增强并发挥这些水利基础设施在雨季时的蓄洪能力,增强它们在旱季的供水能力。最后,加快农村水利基础设施建设,打造农村水生态环境系统。

(5)建立水质监测机制

首先,通过建立水质监测站、水质监测网站等线下与线上结合的监测机制,对农村水源特别是饮用水水源开展实时监测,形成农村水质数据库,并利用大数据、人工智能等技术预测水质变化。其次,建立水质灾害预警防控机制。针对可能发生的水质灾害进行及时的预

警防控,一旦水质灾害发生要减少其对农业生产、农民生活的影响。再次,建立人力、财力、物力保障机制。公共部门通过设置农村水生态环境保障基金,从而加大对农村水生态环境治理的资金投入和经费保障;企业在其经营过程中,加强污水处理,规范排污;村级自治组织和广大村民要积极投入兴建水利基础设施、保护水利生态环境的行动中;同时,广大农村要加快建立与水利相关的科研院所的合作机制。最后,建立监督机制和问责机制,积极引导农村利益相关者监督农村水生态环境治理,完善水利基础设施建设经费公开,让权力在阳光下运作,把权力关进制度的笼子,对于相关负责人和相关责任人要建立问责制度,做到权责一致。

(6)完善农村水环境管理的政策法规和技术规范

制定适合农村水环境自身特征的环境保护方面的政策法规和管理规范,明确农村水环境污染防治工程建设、运行、管理、资金使用、监督和考核等内容,研发适合农村地区水环境治理的技术,并将相应的设计规则、操作规范等上升为标准化的技术规范,进而保障农村水生态文明建设。

1.4.2　农村水环境问题对策

(1)建立农村污水集中处理厂

在水环境保护与治理的过程中,农村要加大资金投入,完善相应的硬件设施。建立农村污水集中处理厂,可以有效地解决生产生活污水排放问题。首先,要在农村铺设相应的排污管道,将农户连接起来,使养殖污水、生活污水等能够得到集中处理,其中要重点关注农村厕所改造问题。其次,在对农村污水进行集中处理的过程中,一定要严格按照国家规定的污水处理标准和排放标准进行操作,相关部门要加强监管力度,提升污水处理的有效性。

(2)实现农业生产的科学管理

农村地区在进行农作物种植和农业生产的过程中要重视科学管理的作用,提高农业科技含量,尽量减少农作物种植环节化学农药的使用,从而有效治理农村水环境污染问题。首先,要在农村大力推广生物防治技术,用生物防治的办法来代替化肥、农药的使用,在必须使用农药时尽量选用一些低毒农药,以减少对土壤和水源的污染。其次,要实行科学的田间管理,完善农田基础设施,如蓄水池、透水坝、带有自净能力的水生植物群落等,大力推广有机农产品种植,从农业生产方面来控制水环境污染因素。

(3)落实生态补偿机制

农村水环境保护和治理工作要达到理想效果,就必须要完善相关的环境保护制度,其中最为主要的就是落实生态补偿机制。随着农村地区工业化的发展,农业部门和当地生态环境部门需要提高认识,通过建立生态补偿机制来实现环境效益与经济效益的统一。生态补偿机制主要是指对造成当地环境污染的各类企业征收环境污染补偿费,这部分费用通过集中整合和优化配置,用于完善农村地区的各类环境保护基础设施。同时,生态补偿机制作为

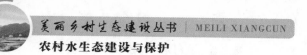

一种有效的激励手段，可以促使企业加大污水处理投入，从源头解决好水环境污染问题。

（4）提高农村居民的水环境保护意识

提升农村水环境污染和治理的有效性，还要从提高农村居民水环境保护意识出发，真正使生态建设的理念融入农村经济建设的方方面面。农业农村部门要重视水环境保护宣传和保护工作的开展，基于农村地区的发展水平和农民的接受程度，可以采取集中宣传的方式，农业农村部门组织工作小组下乡开展环保讲座或播放相应的教育短片，使农村居民能够更加直观地了解水环境污染的危害，掌握最基本的水环境保护和治理常识，更好地配合水环境保护与治理工作相关措施的落实。

（5）加大投入进行农村河道治理

农村水环境污染和治理工作需要重视河道治理，国家要加大农村河道治理的力度，投入相应的人力、物力帮助农村地区恢复和完善水环境生态系统。首先，要坚决杜绝填河造田、填湖造田等现象，同时要重视人工湿地的建设，使农村环境更加美观，保护农村地区的生物多样性，促进农村的可持续发展。其次，水利部门要配合生态环境部门的工作，对淤堵的河道及时进行疏通，修补被破坏的渠道，尽量避免单纯使用截弯取直的方法，而是要以疏通为主。

（6）重视对农村水环境的动态监测

农村水环境污染和治理工作要建立相应的长效机制，实现对农村水环境的动态监测，利用先进的信息技术手段对农村周边的工业区、河流、湖泊、水库等进行实时监测，通过对相关数据的整合分析，及时发现水污染问题，做到源头整治，提高水环境保护和治理工作效率。

（7）加强乡镇企业污染治理

当前，农村经济发展迅速，乡镇企业数量不断增加，其生产经营有可能会对水环境造成污染。对此，应当加强对乡镇企业的统筹规划建设，进行科学且合理的布局建设，并在乡镇企业生产过程中大力推广清洁生产技术，以提高生态效益。在对乡镇企业进行布局调整和产业结构调整时，应当充分考虑到水环境污染的治理措施，确保水环境污染水平的提升。此外，还要对乡镇企业的生产经营进行适当引导，促使其向工业园区内集中发展，从而实现对企业排出污染的集中控制。可以参照小城镇环境保护规划标准，加强乡镇企业生产过程中的技术改造，促进生产技术的升级换代，充分实现企业发展的节能减排，从而提高污染处理水平，强化对农村水环境污染的防治。

1.4.3　农村饮用水安全问题对策

（1）完善供水设施体系

对于距离城市较近的村庄，可以将城市供水管网延伸至村庄内部，从而达到保证村庄用水安全的目的。对于距离城市较远的村庄，可以将每个村庄的现有供水设施进行修缮、优化，并将相邻村庄的供水设施进行整合，提高农村供水系统规模化、系统化水平，为提高供水质量创造有利条件。同时，也需要根据水源水质情况采取相应的水处理措施，并对现有供水设施进行升级与改造,对于含盐量、含氟量高的水源来说,需要对其进行消毒和除盐处理,提高水资源的安全性。另外,也可以在山区建造相应的储水池,提高供水环境的质量,保证水质达到标准。

(2)积极宣传安全饮水知识

通过组织村民学习安全饮水知识,能够让村民了解安全饮水的相关标准以及技术,并掌握安全用水的具体方法。另外,能够有效提升村民对于供水设施的接受程度,让村民愿意支付相应的费用。同时,通过宣传,也能让村内相关的管理人员掌握一定的设备维护技术,从而达到延长供水设施使用寿命的目的。对于先进可行的节水手段,也需要通过宣传进行推广,并调动村民的环保积极性,通过采取有效的环保措施,避免水源遭受不必要的污染。

(3)构建人畜分离饮水设施

很多农村存在人畜共饮情况的根本原因为缺乏相应的供水设施,因此就需要当地人民政府对农村人畜分离饮水设施的建设提供相应的支持。人畜分离饮水设施的建设,能够避免牲畜携带的病菌、虫卵进入人类饮用水中,避免了人类罹患人畜共患病的情况。

(4)做好水源地的管理工作

水源地水质对于饮用水质量起到决定性的作用,在农村环境中水源地水质经常受到工业生产、牲畜养殖、农作物种植等活动的影响,所以在水源地附近一定范围内,应该不允许建设相应的生产企业,也要对农业生产活动进行适当的控制,避免工业废水、农药、化肥、动物粪便等对水源地水质产生不利影响。另外还需要对水源地水质进行定期的检测,做好自然灾害的预防工作,避免暴雨、沙尘暴等极端天气对水质造成污染,并且也需要做好水源地周围山坡、堤岸的稳固工作,避免滑坡、泥石流等灾害影响水源地水质。

(5)完善饮用水质量管理体制

政府及有关部门应该在现有饮用水管理制度上,根据农村饮用水现状进行不断的完善与更新,并加大农村区域工业企业污染排放管理力度,推动排污许可证的申请审批工作的开展,积极开展农村饮用水水质监测工作,做到从源头到取水点的定期监测,并将监测结果向村民公布。另外,需要在制度中对村民的行为进行规范,并明确对破坏供水设施、破坏水源地环境的人的惩罚制度,严格监控农村饮用水水源保护工作的开展,做到饮用水质量管理体制的真正落实。

1.4.4 农村水资源管理问题对策

(1)加大农村污水处理力度

进一步加大对农村生活污水和工业污水的处理力度,保护湖泊、江河等自然资源,把工业污水的排污标准纳入法律范畴,从法律层面保护水资源。研究新型的污水处理工艺,提高污水处理质量,从而有效地解决农村水资源的污染问题,提高水资源的再利用率,形成再生水合理利用系统。建立科学的灌溉系统,合理利用农药化肥,降低对农村水资源的污染。

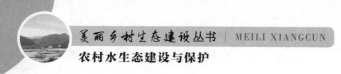
（2）政府的扶持

政府应从财政、技术方面加大对农村水资源保护的支持力度，提高农村节水效果。由于我国农村大多是以家庭为单位的小规模生产模式，大多数农民普遍都难以承受滴灌、喷灌和管道灌溉等高成本投入的灌溉技术，政府应在节水灌溉工程、节水灌溉技术、节水高产抗旱品种技术和节水高产耕作技术等方面加大投入，扩大对农村水资源保护的技术支持。

（3）优化产业结构

调整农村的工农业产业布局，加大乡镇工业技术改造，限制高耗水、高排放的工业发展，压缩用水效率低的产业，淘汰技术落后、排污量大、用水量高的产业。加大对低耗能技术的研究开发，降低耗能量高、耗水量高的传统加工业在乡镇企业中的比例。优化农业的种植结构，调整农作物的布局，发展高产节水农业。尤其是在水资源相对不足的黑龙江地区，加快调整农业结构，大力发展雨养旱作农业。

（4）联合运用地表水和地下水

近年来，我国对地下水进行过度开发，导致地下水不断减少，又由于地下水资源无法快速循环增加，我国地下水资源受到严重破坏。因此，在进行农业灌溉时，应提倡将地表水和地下水循环使用，并利用科技手段加强对灌溉区的改造与升级，通过对原有灌溉渠道的改造，使灌溉方式从大面积灌溉变为节水灌溉，在提高水资源利用率的同时也使得水资源得以保护，进一步增强灌溉渠道的作用。

（5）培养农民的节水意识

对于有经验的农民来说，他们已经开始意识到水资源的减少，但由于没有接受相关知识的宣传，农民并不知道如何才能够合理利用水资源。因此，各个城镇的相关部门需要通过开展讲座、派发宣传单等方式对农民进行节水知识宣传，在进一步提高农民节水意识的同时使农民及时了解到我国目前水资源的使用情况，并对农民进行节水方式的培训与宣传，使农民进一步了解节水的重要意义和必要性，使其愿意主动参与到节水活动中，达到保护水资源目的的同时不影响农田灌溉，使我国农业得到稳定发展。

第2章 农村水生态监测调查与评价

2.1 农村水生态监测调查的主要内容

水生态相关监测指标可分为水生生态系统压力指标、水生态效应指标和水质指标三类。其中,水生生态系统压力指标可依据水域生态环境监测目标适当增减,水生态效应指标的监测项目应不少于表 2-1 所列内容。有特殊要求的水域水生态监测应按照监测目的的需要,增加水生生态系统压力指标和水生态效应指标的监测项目。水质监测一般在水生生态系统调查和监测时同步进行。

表 2-1   水生态监测指标与监测项目

监测指标			项目	适用范围
水生生态系统压力指标	污染指标	生物残毒	汞、镉、铅、砷、铜、滴滴涕、多氯联苯、石油烃等含量	以环境污染为主要压力的水生生态系统
		微生物	粪大肠杆菌、细菌总数	所有水生生态系统
	富营养化指标	溶解氧		所有水生生态系统
		总氮		所有水生生态系统
		总磷		所有水生生态系统
		化学需氧量		所有水生生态系统
		叶绿素 a		
	生境改变指标	生物栖息地范围		所有水生生态系统
		沉积物粒度		所有水生生态系统
	其他压力指标	渔业捕捞		所有水生生态系统
		陆地污染源		所有水生生态系统
		养殖压力（种类、密度、排污等）		有养殖功能的水域
水生态效应指标	初级生产力			所有水生生态系统
	叶绿素 a			所有水生生态系统
	生物多样性	生物多样性指标	浮游生物,底栖生物,着生生物,大型水生植物,珍稀、濒危和特有水生生物	所有水生生态系统
		鱼类多样性指标	鱼类	所有水生生态系统

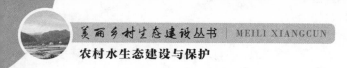
续表

监测指标			项目	适用范围
水生态效应指标	群落结构	生物量	浮游生物,底栖生物,着生生物,大型水生植物	所有水生生态系统
		密度	浮游生物,底栖生物,着生生物,大型水生植物,鱼类,珍稀、濒危和特有水生生物	所有水生生态系统
		公众关注物种的种群结构	浮游生物,底栖生物,着生生物,大型水生植物,鱼类,珍稀、濒危和特有水生生物	所有水生生态系统
水质指标	河流		水温、pH 值、悬浮物、总硬度、电导率、溶解氧、高锰酸盐指数、五日生化需氧量、氨氮、硝酸盐氮、亚硝酸盐氮、挥发酚、氰化物、氟化物、硫酸盐、氯化物、六价铬、总铬、总砷、镉、铅、铜、大肠菌群	河流
	湖泊、水库		水温、pH 值、悬浮物、总硬度、透明度、总磷、总氮、溶解氧、高锰酸盐指数、五日生化需氧量、氨氮、硝酸盐氮、亚硝酸盐氮、挥发酚、氰化物、氟化物、六价铬、总铬、总砷、镉、铅、铜、叶绿素 a	湖泊、水库

本书重点是水生态监测,因此只介绍水生生态系统压力指标和水生态效应指标,水质指标在此不叙述。

2.1.1 水生生态系统压力指标

2.1.1.1 污染指标

（1）生物残毒

外界污染物通过动物的消化系统、呼吸系统、皮肤或植物根部、叶片上的气孔进入生物体内,经过一系列生物化学作用后,有些生物可排除体内的污染物,有些生物可转化或积累污染物。通过测定指示生物体内(动物和植物)污染物的浓度和分布来监测环境污染程度和影响的过程,测定污染物在生物体内或某组织内的浓度,评价该污染物迁移、转化和蓄积对人类及生态系统的影响。生物污染物含量分析的样品一般为鱼类,采集的种类应是监测水域内的常见种类。主要监测的项目主要包括重金属汞、镉、铅、砷、铜和致畸致癌的难降解有机物滴滴涕、多氯联苯、石油烃等。

（2）微生物

1）粪大肠菌群，指的是具有某些特性的一组与粪便污染有关的细菌。这些细菌在生化及血清学方面并非完全一致。其定义为：需氧及兼性厌氧、在 37℃ 能分解乳糖产酸产气的革兰氏阴性无芽孢杆菌。一般认为，该菌群细菌可包括大肠埃希氏菌、柠檬酸杆菌、产气克雷伯氏菌和阴沟肠杆菌等。

粪大肠菌群的检验方法有两种：①发酵法。以不同量水样接种于规定数目的含有不同量标准培养基的发酵管中，在 37℃ 经 24 小时培养后，如发酵管产酸产气、显微镜检验又为革兰氏阴性无芽孢杆菌，则为阳性反应。根据培养和阳性的发酵管数目，按统计学原理即可得粪大肠菌群数（每升或每 100 毫升中的个数）。因为数目是按统计学原理算出的，所以称为最可能数（MPN）。②滤膜法。水样通过滤膜过滤，因膜的孔径很小，粪大肠菌群截留在膜上。将滤膜移到远藤氏培养基上，在 37℃ 经 24 小时培养后直接数典型菌落数，即得结果。由于滤膜法要求有标准的孔径，以及操作上所需的技术要求较难掌握，目前的使用还不普遍。

2）细菌总数，水中通常存在的细菌大致可分为三类：①天然水中存在的细菌。普通的是荧光假单孢杆菌、绿脓杆菌，一般认为这类细菌对健康人体是非致病的。②土壤细菌。当洪水时期或大雨后地表水中较多。它们在水中生存的时间不长，在水处理过程中容易被去除。腐蚀水管的铁细菌和硫细菌也属此类。③肠道细菌。它们生存在温血动物的肠道中，故粪便中大量存在。

细菌总数计数的研究已有很多，目前国家环境保护标准规定的方法为平板计数法。其检验方法是：在玻璃平皿内，接种 1mL 水样或稀释水样于加热液化的营养琼脂培养基中，冷却凝固后在 37℃ 培养 24 小时，培养基上的菌落数或乘以水样的稀释倍数即为细菌总数。有的国家把培养温度定为 35℃ 或其他温度，也有把培养时间定为 48 小时的。这种方法精度高但耗时长，难以满足实际工作需要。为了简化检测程序、缩短检测时间，国内外学者进行了大量的快速检测方法的研究，提出了阻抗检测法、Simplate TM 全平器计数法、微菌落技术、纸片法等检测方法，取得了一定的成果，但检测时间仍在 4h 以上。

2.1.1.2　富营养化指标

富营养化是一种氮、磷等植物营养物质含量过多所引起的水质污染现象。在自然条件下，随着河流挟带冲积物和水生生物残骸在湖底的不断沉降淤积，湖泊会从贫营养过渡为富营养，进而演变为沼泽和陆地，这是一种极为缓慢的过程。但由于人类的活动，将大量工业废水和生活污水以及农田径流中的植物营养物质排入湖泊、水库、河口、海湾等缓流水体后，水生生物特别是藻类将大量繁殖，使种群种类数量发生改变，破坏了水体的生态平衡。富营养化的主要监测指标是常见的水质指标，即溶解氧、总氮、总磷、化学需氧量和叶绿素 a。

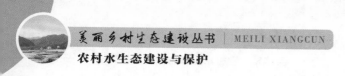

2.1.1.3 生境改变指标

生境是指生物的个体、种群或群落生活地域的环境,包括必需的生存条件和其他对生物起作用的生态因素。生境是指生态学中环境的概念,生境又称栖息地。生境是由生物和非生物因子综合形成的,而描述一个生物群落的生境时通常只包括非生物的环境。

（1）生物栖息地范围

生境常决定一种生物的存在与否,如变形虫的生境为清水池塘或水流缓慢藻类较多的浅水处;延龄草的生境是落叶林内的阴湿处。生境也可为整个群落占据的地方,如梭梭草荒漠群落的生境是中亚荒漠地区的沙漠或戈壁;芦苇沼泽群落的生境是在世界各地潮湿的沼泽中。

（2）沉积物粒度

粒度分布特征是沉积物的基本特征之一,受搬运和沉积过程的动力条件控制,与沉积环境密切相关,且具有测量简单、快速、不受生物作用影响、对气候变化敏感等特点。因此,沉积物的粒度分析是研究沉积环境、沉积过程、搬运过程和搬运机制的重要手段之一,通过沉积物粒度特征可区分沉积环境、判断水动力条件和区域气候变化,以及在不同时间尺度、不同时间分辨率的研究中沉积物粒度对环境具有不同的指示意义。

2.1.1.4 其他压力指标

（1）渔业捕捞

渔业捕捞以捕捞产量衡量,捕捞产量是反映海洋渔业生产成果的指标,指渔业生产所捕获的鱼类和其他水生动物的数量,一般以公斤、吨、担、箱等计量单位表示,对大型、稀少珍贵的水产动物,有时也以头、只、尾等计量单位表示。捕捞产量按计算范围和种类划分为捕捞总量、分类捕捞量和单位平均捕捞量。捕捞总量是指一定范围内或一定时期内的捕获总重量。分类捕捞量则指各类水产动物的捕获总重量。单位平均捕捞量是指每一捕捞单位（船、网等）平均捕捞重量。捕捞产量对于研究渔业生产资源、渔业生产能力和渔业生产效率具有重要作用。

人工捕捞是湖泊自然渔业的主要手段,捕捞在有效移除目标鱼类的同时,通过改变生境及调整行为等方式对非目标生物产生间接影响,最终对渔业资源产生二次影响。渔业捕捞强度超出合理水平下的过度捕捞,常造成鱼类种群退化、渔获物质量下降、捕捞成本提高和无鱼可捕等后果。在此情况下,捕获鱼类由营养级高的食鱼性鱼类向生活周期短、以无脊椎动物为食和以浮游生物为食的中上层鱼类发展,鱼类营养级下降。过度捕捞是捕捞渔船吨位、渔网网目和其他捕鱼设备以及捕鱼作业时间的综合结果。过度捕捞形成恶性循环,渔业资源遭受严重破坏,种群资源恢复难度极大。过度捕捞不但破坏渔业资源,还导致鱼类初次性成熟时间提前,个体小型化趋势明显。有两种理论解释这种现象:一种理论认为,过度捕捞后,"幸存者"能够得到更多的食物,从而使其在较小的年龄就能发育成熟;另一种理论认为,捕捞是一种"人工选择",成熟年龄较小的鱼类能够在被捕捞之前将基因传给后代,成熟晚的鱼类在繁殖后代前就被捕获。这样,早熟的小型鱼类在整个种群中的比例就会越来越大。由于过度捕捞及环境变化,近年来我国大多湖泊均表现出明显的渔业资源小型化现象,1970年、1980年呼伦湖鱼类中鲤、鲫、鲌等大中型鱼类的比例占28.7%～31.9%,渔业结构相对合理;而2010年,大中型鱼类的比例下降至4.5%,小型浮游食性鱼类贝氏产量急剧上升,占总产量比例高达95%以上。

（2）陆地污染源

陆地污染源简称陆源污染,是指从陆地向海域排放污染物,造成或者可能造成海洋环境污染损害的场所、设施等。这种污染物可能具有霉性、扩散性、积累性、活性、持久性和生物可降解性等特征,多种污染物之间还有拮抗和协同作用。

陆源污染是指陆地上产生的污染物进入海洋后对海洋环境造成的污染及其他危害。陆源型污染和海洋型污染、大气型污染,构成海洋的三大污染源。陆源污染物种类最广、数量最多,对海洋环境的影响最大。陆源污染物对封闭和半封闭海区的影响尤为严重。陆源污染物可以通过临海企事业单位的直接入海排污管道或沟渠、入海河流等途径进入海洋。沿海农田施用化学农药,在岸滩弃置、堆放垃圾和废弃物,也可以对环境造成污染损害。

根据世界资源研究所的一项最新研究显示,世界上51%的近海生态环境系统受环境污染和富营养化的影响而处于显著的退化危险之中,其中34%的沿海地区正处于潜在恶化的高度危险中,17%处于中等危险中,而导致这些危险的最主要原因是陆源活动对海洋的危害。

（3）养殖压力

调查区如果存在一定的养殖规模,应调查养殖生产情况,收集养殖区内多年的养殖数据,采用养殖压力指数法评价。对于滤食性贝类和浮游生物食性鱼类,其养殖压力指数等于单位时间内养殖收获净输出的有机碳(氮)通量除以该调查区同时期水体中颗粒有机碳(氮)的平衡含量,单位时间为月或年。

2.1.2　水生态效应指标

2.1.2.1　初级生产力

初级生产力(Primary Productivity)是指绿色植物利用太阳光进行光合作用,即太阳光＋无机物质＋H_2O＋CO_2→热量＋O_2＋有机物质,把无机碳(CO_2)固定、转化为有机碳(如葡萄糖、淀粉等)这一过程的能力。一般以每天、每平方米有机碳的含量(克数)表示。初级生产力又可分为总初级生产力和净初级生产力。

总初级生产力(Gross Primary Productivity,GPP)是指单位时间内生物(主要是绿色植物)通过光合作用途径所固定的有机碳量,又称总第一性生产力,GPP决定了进入陆地生态系统的初始物质和能量。净初级生产力(Net Primary Productivity,NPP)则表示植被所固定的有机碳中扣除本身呼吸消耗的部分,这一部分用于植被的生长和生殖,也称净第一性生产力。两者的关系:$NPP = GPP - Ra$,其中:Ra 为自养生物本身呼吸所消耗的同化产物。

2.1.2.2 叶绿素 a

叶绿体中的色素包括叶绿素和类胡萝卜素两大类。叶绿素又包括叶绿素 a 和叶绿素 b,叶绿体中的色素都能够吸收光能,但只有少数在特殊状态下的叶绿素 a 才有转化光能的作用,也就是说类胡萝卜素和叶绿素 b 以及大部分的叶绿素 a 都不能转化光能。

随着经济社会的快速发展,人类活动不可避免地对河流、湖泊、海洋等水体造成影响,各种水环境问题不断发生。过量的氮、磷等营养物质的输入已大大超出了水体能够正常承载的范围,使得藻类等浮游植物和部分浮游动物大量繁殖,造成水体富营养化等一系列环境问题。研究表明,富营养化现象受多种环境因子影响,其中氮、磷作为浮游植物赖以生长的重要营养物质,参与光能转化代谢过程,是最为重要的两个因素。而叶绿素 a 是藻类光合作用的主要物质,也是利用太阳光能把无机物转化为有机物的关键物质,是富营养化常见的响应指标。可以利用叶绿素 a 来评估藻类生长状况,反映水体理化性质的动态变化和水体富营养化状况。

2.1.2.3 生物多样性

生物多样性是生物及其环境形成的生态复合体以及与此相关的各种生态过程的综合,包括动物、植物、微生物和它们所拥有的基因以及它们与其生存环境形成的复杂的生态系统。

(1)生物多样性指标

生物多样性指标包括浮游生物、底栖生物、着生生物、大型水生植物、珍稀、濒危和特有水生生物。

1)浮游生物,泛指生活在水中而缺乏有效移动能力的漂流生物,包括浮游植物和浮游动物。浮游植物是指水体中浮游生活的小型藻类植物,在水生生态系统中具有重要意义,是水生生态系统中最重要的生产者。浮游植物个体小、生活周期短、繁殖快容易受到环境变化的影响,可以在短时间内对环境变化作出响应,而且作为生物监测,其反映的结果是环境的综合变化。因此,浮游植物的相关指标是评价水质及河流健康的重要手段。

浮游动物营浮游生活,游泳能力微弱,不能作远距离的移动。浮游动物由原生动物、轮虫、枝足类、枝角类等组成,在河流生态系统生物链中属于消费者,具有承上启下的作用。许多种类的浮游动物是鱼、贝类的重要养料来源,有的种类如水母、海蜇等可作为人的食物。此外,还有不少种类对环境变化反应灵敏,可以作为水污染的指示生物,所以在水质调查过程中浮游动物也是主要的研究对象之一。

2)底栖动物是指生活史的全部或大部分时间生活于水体底部的水生动物群,多为无脊椎动物,是一个庞杂的生态类群,按其尺寸,分大型底栖动物、小型底栖动物。除定居和活动生活的以外,栖息的形式多为固着于岩石等坚硬的基体上和埋没于泥沙等松软的基底中。此外,还有附着于植物或其他底栖动物体表的,以及栖息在潮间带的底栖种类。在摄食对象上,以悬浮物摄食和沉积物摄食居多。

多数底栖动物长期生活在底泥中,具有区域性强,迁移能力弱等特点,对于环境污染及变化通常少有回避能力,其群落的破坏和重建需要相对较长的时间;且多数种类个体较大,易于辨认;同时,不同种类底栖动物对环境条件的适应性及对污染等不利因素的耐受力和敏感程度不同;根据上述特点,利用底栖动物的种群结构、优势种类、数量等可以确切反映水体的质量状况。

底栖动物群落的结构和动态是理解水生生态系统现状和演变过程的关键所在。因此,在水质评估中,底栖无脊椎动物是最广泛应用的指示生物,评价方法主要有类群丰富度、物种丰富度、多度、优质度、功能摄食群和经度地带性分布模式。

3)着生生物(即周丛生物)是指附于长期浸没于水中的各种基质(植物、动物、石头、人工)表面上的有机体群落。着生基质的不同性质也会影响周丛生物的群落组成。基质有植物的、动物的、树木的、石头的,相应的就有附植生物、附动生物、附树生物、附木生物和附石生物。它包括许多生物类别,如细菌、真菌、藻类、原生动物、轮虫、甲壳动物、线虫、寡毛虫类、软体动物、昆虫幼虫甚至鱼卵和幼鱼等。近年来,着生生物的研究日益受到重视,由于其固定生于一定位置,因而在流速较大的河流、水库中,它们对水质状况和变化的反映要比浮游生物好。

4)大型水生植物是生态学范畴上的类群,除小型藻类以外所有的水生植物类群、植物的一部分或全部永久地或一年中数月沉没于水中或漂浮于水面上的高等植物类群。包括种子植物、蕨类植物、苔藓植物中的水生类群和藻类植物中以假根着生的大型藻类,是不同分类群植物长期适应水环境而形成的趋同适应的表现型。一般将其按生活型分为挺水植物、浮叶植物(漂浮植物与根生浮叶植物)和沉水植物。挺水植物是以根或地下茎生于水体底泥中,植物体上部挺出水面的类别。这类植物体形比较高大,为了支撑上部的植物体,往往具有庞大的根系,并能借助中空的茎或叶柄向根和根状茎输送氧气。常见的种类有芦苇、千屈菜、香蒲等。漂浮植物指植物体完全漂浮于水面上的植物类群,为了适应水上漂浮生活,它们的根系大多退化成悬垂状,叶或茎具有发达的通气组织,一些种类还发育出专门的贮气结构(如凤眼莲膨大成葫芦状的叶柄),这为整个植株漂浮在水面上提供了保障。常见种类有紫背萍、浮萍、凤眼莲、满江红等。根生浮叶植物指根或茎扎于底泥中,叶漂浮水面的类别。这类植物为了适应风浪,通常具有柔韧细长的叶柄或茎,常见的种类有菱、莲、荇菜等。沉水植物是指植物体完全沉于水气界面以下,根扎于底泥中或漂浮在水中的类群。这类植物是严格意义上完全适应水生的高等植物类群。相比其他类群,由于沉没于水中,阳光的吸收和气体的交换是影响其生长的最大限制因素,其次还有水流的冲击。因此,该类植物体的通气组织特别发达,气腔大而多,有利于气体交换;叶片也多细裂成丝状或条带状,以增加吸收阳

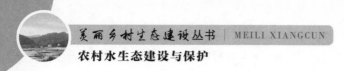

光的表面积,也减少被水流冲破的风险;植物体呈绿色或褐色,以吸收射入水中较微弱的光线,常见的种类有狐尾藻、眼子菜、黑藻、伊乐藻等。

5)珍稀、濒危和特有水生生物

1988 年 12 月 10 日,国务院批准了《国家重点保护野生动物名录》。将珍贵、濒危的物种,或数量稀少、分布区狭窄的、中国特有的、中国生态系统旗舰种以及在中国分布区极小、种群极小的以及濒危的物种列入《国家重点保护野生动物名录》。

珍稀水生生物指在野外水体数量极少,或在野外水体仅见于一个地点的野生水生生物,这些珍稀水生生物容易灭绝,必须保护其种群与栖息地。濒危水生生物是指由于物种自身的原因或受到人类及其他外界生物活动或自然灾害的影响而有种群灭绝危险的野生水生生物物种。特有水生生物指分布范围小、数量少的野生水生生物。它们特指《中华人民共和国野生动物保护法》《中华人民共和国水生野生动物保护实施条例》和《濒危野生动植物种国际贸易公约》中所指的珍稀、濒危和特有的野生水生生物。

一些传统上为渔业所利用的经济水生生物或名贵水生生物,可能会由于过度捕捞、环境恶化以及人为活动对其生存条件的破坏等,成为需要法律保护的濒危种类。反过来讲,一些珍稀、濒危野生水生生物,如果得到有效保护,其资源量可能会恢复到能够重新为渔业生产利用的程度。但一般来说,物种一旦陷入濒危状态,再要恢复到原来的数量和规模是十分困难的。

(2)鱼类多样性指标

鱼类在各个空间尺度上对生境质量的变化比较敏感,而且具有迁移性,更是衡量栖息地连通性的理想指标。在时间尺度上,鱼类的生命历程记载了环境的变化过程。在渔业和水产养殖管理中,将鱼类当作水质的指标也有着悠久的历史。因此,通常根据鱼类群落的组成与分布、物种多度以及敏感种、耐受种、土著种和外来种等指标的变化来评价水体生态系统的完整性。不同地区拥有不同的河流以及它们特有的鱼类群落。目前,鱼类多样性指数已被广泛应用于河流生态与环境基础科学研究、水资源管理等。

2.1.2.4 群落结构

群落结构是指生物群落的外部形态或表相,它是群落中生物与生物之间、生物与环境之间相互作用的综合反映。一定水域中各种生物的聚合称为水生生物群落,水生生物群落的外貌主要取决于水的深度和水流特征。一个群落中的生物与生物之间、生物与环境之间都存在着复杂的相互关系,由这些相互关系决定的各种生物在时间上和空间上的配置状况,称为群落结构。群落结构的特征主要表现在种类组成、群落外貌、垂直结构和水平结构方面。群落的生物种类是群落结构的基础;群落的外貌和结构是群落中生物与生物之间、生物与环境之间相互关系的标志。群落中的各种生物对周围的生态环境都有一定的要求,周围环境起了变化,它们就会产生相应的反应,表现为群落中生物的种类和数量的增减,群落外貌、垂直结构和水平结构也随之发生变化。因此,水体污染必然引起水生生物群落结构的变化。

研究这些变化,就可以评价水体的质量状况。

由于群落结构和生物多样性相同,也包括浮游生物,底栖生物,着生生物,大型水生植物,珍稀、濒危和特有水生生物,此处不再赘述。

2.2 农村水生态监测调查的主要方法

一直以来,城市水环境都被作为重点保护对象,而对农村地区水污染情况则没有引起充分的重视。随着各地农村乡镇企业的发展,农业的机械化和人们生活消费的多元化发展,其面临的水环境污染也越来越严重。在农村地区现有的水环境污染主要呈以下几个方面的特点:①污染源较为单一,主要是化肥、农药、饲料等;②污染物区域差异大,各地的乡镇企业不同,带来的污染也不尽相同;③隐蔽性,农村人口密度小,居住分散,同时农村环境十分复杂,许多污染难以察觉。因此,在进行农村水生态调查时要充分考虑到农村环境的特殊性,在采样前应做好充分的准备,以保证采集的样品能准确地反映该地区的污染现状。

2.2.1 现场调查与资料收集

1)调查区域的气候、水文地质地貌特点及土壤类型和水土流失情况。

2)调查区域的乡镇分布和工业(包括乡镇企业)布局、污染物的排放情况。

3)调查区域内农业生产情况(农作物种类、产量,农药、化肥施用量,农畜、水产品种类、产量等)。

4)调查区域内农用水源的分布、利用措施和变化,了解污染源分布、影响及水源污染情况。

5)收集其他相关资料和图片,如土地利用现状图、土壤类型图、行政区划图、水系分布图等。

6)将收集的背景资料加以分类整理,作为重要资料归档保存。

2.2.2 监测点布设

2.2.2.1 监测点布设原则

农用水源环境监测的布点原则要从水污染对农业生产的危害出发,突出重点,照顾一般。按污染分布和水系流向布点,"入水处多布,出水少布,重污染多布,轻污染少布",把监测重点放在农业环境污染问题突出和对国家农业经济发展有重要意义的地方。同时在广大农业地区进行一些面上的定点监测,以发现新的污染问题。

2.2.2.2 监测点布设方法

(1)灌溉渠系水源监测布点方法

1)对于面积仅几公顷至几十公顷直接引用污水灌溉的小灌区,可在灌区进水口布设监测点。

2)在具备干、支、斗、毛渠的农田灌溉系统中，除干渠取水口设监测点，了解进入灌区水中污染物的初始浓度外，在适当的支渠起点处和干渠渠末处，以及农田退水处设置辅助监测点，以便了解污染物在干渠中的自净情况和农田退水对其他地表水的污染可能性。

（2）用于灌溉的地下水水源监测布点方法

在地下水取水井设置监测点，进行取样进行监测。

（3）影响农业地区的河流、湖泊、水库等水源监测布点方法

1）大江大河的水源监测已由国家水利和环保部门承担，一般可引用已有的监测资料。当河水被引用灌溉农田时，为了监测河水水质情况，至少应在灌溉渠首附近的河流断面设置一个监测点，进行常年定期监测。

2）以农业灌溉和渔牧利用为主的小型河流，应根据利用情况，分段设置监测断面。在有污水流入的上游、清污混合处及其下游设置监测断面和在污水入口上方渠道中设置污水水质监测点，以了解进入灌溉渠的水质及污水对河流水质的影响。

3）监测断面设置方法：对于常年宽度大于 30m、水深大于 5m 的河流，应在所定监测断面上分左、中、右 3 处设取样点，采样时应在水面下 0.3～0.5m 处和距河底 2m 处各采水样一个分别测定；对于小于 5m 以上水深的河流，一般可在确定的采样断面中点处，在水面下 0.3～0.5m 处采一个样即可。

4）10hm² 以下的小型水面，如果没有污水沟渠流入，一般在水面中心设置一个取样断面在水面下 0.3～0.5m 处取样即可代表该水源水质，如果有污水流入还应在污水沟渠入口上方和污水流线消失处增设监测点。

5）大于 10hm² 的中型和大型水面，可以根据水面污染实际情况，划分若干片，按上述方法设点。对于各个污水入口及取水灌溉的渠首附近水面也按上述方法增设监测点。

6）为了了解底泥对农田环境的影响，可以在水质监测点布设底泥采样点。

（4）污（废）水排放沟渠的监测布点

连续向农业地区排放污（废）水的沟渠，应在排放单位的总排污口处、污水沟渠的上中下游各布设监测取样点，定期监测。

2.2.2.3　布点注意事项

1）选择河流断面位置应避开死水区，尽量在顺直河段、河床稳定、水流平稳、无急流处，并注意河岸情况变化。

2）在任何情况下，都应在水体混匀处布点，应避免因河渠水流急剧变化搅动底部沉淀物，引起水质显著变化而失去样品代表性。

3）在确定的采样点和岸边，选定或专门设置样点标志物，以保证各次水样取自同一位置。

2.2.3 监测点数量

2.2.3.1 灌溉渠系水质监测点数量

1)对于面积仅为几公顷至几十公顷直接引用污水灌溉的小灌区,在灌区进水口布设 1 个基本监测点。

2)在具备干、支、斗、毛渠的农田灌溉系统中,布设 5 个以上基本监测点。

2.2.3.2 河流、湖泊、水库等水源监测点数量

1)当河流用来引用灌溉农田时,在渠首附近设置一个断面。如有污水排入河段,在排污口上方污水渠布设一个监测点,并在污水入口的上游,清污混流处及下游河道各设置一个断面。

2)10hm² 以下的小型水面,在水中心设置一个监测点,如有污水流入,在污水入口和污水流线消失处各布设一个监测点。

3)大于 10hm² 的中型和大型水面,布设 5 个以上的监测点,如有污水流入,在污水入口和污水流线消失处各布设一个监测点。

2.2.4 样品的采集技术

2.2.4.1 采样前的准备

(1)采样计划的制定

采样前应提出采样计划,确定采样点位、时间和路线、人员分工、采样器材等。

(2)容器的准备

1)容器材质的选择。

水样在储存期间要求容器材质化学稳定性好,器壁不溶性杂质含量极低,器壁对被测成分吸附少和抗挤压的材料,采样容器应采用聚乙烯塑料和硬质玻璃(又称硼硅玻璃)。

2)样品容器。

装储水样要求用细口容器,封口塞材料要尽量与容器材质一致,塑料容器用塑料螺口盖,玻璃容器用玻璃口塞。测定有机物的水样容器不能用橡皮塞,碱性液体容器不能用玻璃塞。

硼硅玻璃容器:这类容器无色透明,便于观察样品及其变化,耐热性能良好,能耐强酸、强氧化剂及有机溶剂的腐蚀。

聚乙烯容器:这类容器耐冲击,便于运输和携带。在常温下不被浓盐酸、磷酸、氢氟酸及浓碱腐蚀,对许多试剂都很稳定,储存水样时对大多数金属离子很少吸附,但对铬酸根、硫化氢、碘有吸附作用,适用于储存大多数无机成分的样品,而不宜储存测定有机污染物的水样。

特殊样品容器:溶解氧应使用专门容器,测生化需氧量的样品并配有尖端玻璃塞,以减少空气吸附程度,在运输中要求采取特殊的密封措施。用于微生物监测的样品容器要求能够经受灭菌过程中的高温。

3)容器的洗涤。

采用聚乙烯或硬质玻璃容器,装测水样时,通常是用洗涤剂清洗,用自来水冲洗干净,再用10%硝酸或盐酸浸泡8h,用自来水冲洗干净,然后用蒸馏水漂洗3次;测铬水样的容器只能用10%硝酸泡洗,依次用自来水和蒸馏水漂洗干净;测总汞水样容器,用1:3硝酸充分荡洗后放置数小时,然后依次用自来水和蒸馏水漂洗干净;测油类水样容器用广口玻璃瓶,按一般洗涤方法洗涤后,还要用石油醚萃取剂彻底荡洗3次。

(3)采样器的准备

采样器采用聚乙烯塑料水桶、单层采水器和有机玻璃采水器。

1)聚乙烯塑料水桶:适用于水体中表层水除溶解氧、油类、细菌学指标等特殊要求以外的大部分水质和水生生物监测项目的采集。

2)单层采水器:从表面水到较深的水体都可以使用,适用于大部分监测项目样品采集,油类、细菌学指标必须使用这类采样器。

3)有机玻璃采水器:该采水器桶内装有水银温度计,用途较广,除油类、细菌学指标以外,适用于水质、水生生物大部分监测项目的样品采集。

(4)现场采样物品准备

1)用于水质参数测定的仪器设备:pH值计,溶解氧测定仪,电导仪,水温计,色度盘等。

2)水文参数测量设备:流速测量仪等。

3)样品运输物品:木箱、冰壶等。

4)样品保存剂及玻璃量具:酸、碱等化学试剂,移液管,洗耳球等。

5)各种表格、标签、记录纸、铅笔等小型用品。

6)安全防护用品:工作服,雨衣,常用药品。

2.2.4.2　采样方法

水样一般采集瞬时样。采集水样前应先用水样洗涤取样瓶和塞子2~3次。

(1)用于灌溉的地下水水源的采集方法

采取水样时,应先开机放水数分钟,使积留在管道中的杂质和陈旧水排出,然后取样。

(2)用于农田灌溉渠系水源的采集方法

一般灌渠采样可在渠边向渠中心采集,较浅的渠道和小河以及靠近岸边水浅的采样点也可涉水采集。采样时,采样者应站在下游向上游用聚乙烯桶采集,避免搅动沉积物,防止水样污染。

(3)河流、湖泊、水库(塘)水源采集方法

在河流、湖泊、水库(塘)可以直接汲水的场地,可用适当的容器如聚乙烯桶采样。从桥上采集样品时,可将系着绳子的聚乙烯桶(或采样瓶)投入水中汲水。注意不能混入漂流于水面上的物质。

在河流、湖泊、水库(塘)不能直接汲水的场地,可乘坐船只采样。采样船定于采样点下

游方向,避免船体污染水样和搅起水底沉积物。采样人应在船舷前部尽量使采样器远离船体采样。

2.2.4.3　采样要求

1)采样前应尽量在现场测定水体的水文参数、物理化学参数和环境气象参数。

①水文参数主要有水宽、水深、流向、流速、流量、含沙量等。工作要求严格时(如计算污水量)应按《河流流量测验规范》(GB 50179—2015)测量,要求不严格时,可目测估计。

②物理化学参数主要有水温、pH 值、溶解氧、电导率和一些感观指标。

③气象参数主要有天气状况(雨雪等)、气温、气压、湿度、风向、风速等。

2)采集水样后,在现场根据所测定项目要求添加不同种类的保存剂,并使容器留 1/10 顶空(测溶解氧除外),保证样品不外溢,然后盖好内外盖。

3)多次采样时,断面横向和垂向点位的数目位置应完全准确,每次要尽量保持一致。

4)采样人员应穿工作服,不应使用化妆品,现场分样和密封样品时不应吸烟;汽车应放在采样断面下风向 50m 以外处。

5)特殊监测项目的采样要求。

①pH 值、电导率:pH 值应现场测定,如条件有限,可实验室测定。测定的样品应使用密封性好的容器。由于水样不稳定,且不宜保存,采样器采集样品后应立即灌装。另外,在样品灌装时,应从采样瓶底部慢慢将样品容器完全充满并且紧密封严,以隔绝空气的作用。

②溶解氧、生化需氧量:溶解氧应现场测定,如条件有限,可实验室测定。应用碘量法测定水中溶解氧,水样需直接采集到样品瓶中。在采集水样时,要注意不使水样曝气或有气泡残存在采样瓶中,特别的采样器如直立式采水器和专用的溶解氧瓶可防止曝气和残存气体对样品的干扰。如果使用有机玻璃采水器、球盖式采水器、颠倒采水器等则必须防止搅动水体,入水应缓慢小心。

当样品不是用溶解氧瓶直接采集,而需要从采样器(或采样瓶)分装时,溶解氧样品必须最先采集,而且应在采样器从水中提出后立即进行。用乳胶管一端连接采水器用虹吸法与采样瓶连接,乳胶管的另一端插入溶解氧瓶底。注入水样时,先慢速注至小半瓶,然后迅速充满,至溢流出瓶的水样达溶解氧瓶 1/3~1/2 容积时,在保持溢流状态下缓慢地撤出管子。按顺序加入锰盐溶液和碱性碘化钾溶液。加入时需将移液管的尖端缓慢插入样品表面稍下处慢慢注入试剂。小心盖好瓶塞,将样品瓶倒转 5~10 次以上,并尽快送实验室分析。

③悬浮物:测定用的水样,在采集后,应尽快从采样器中放出样品,在装瓶的同时摇动采样器,防止悬浮物在采样器内沉降,非代表性的杂质如树叶、杆状物等应从样品中除去,灌装前样品容器和瓶盖用水样彻底冲洗。该类项目分析用样品都难于保存,所以采集后应尽快分析。

④重金属污染物、化学耗氧量:水体中的重金属污染物和部分有机污染物都易被悬浮物质吸附。特别在水体中悬浮物含量较高时,样品采集后,采样器的样品中所含的污染物随着悬浮物的下沉而沉降,因此,必须边摇动采样器(或采样瓶)边向样品容器灌装样品,以减少

被测定物质的沉降,保证样品的代表性。

⑤油类:测定水中溶解的或乳化的油含量时,应该用单层采水器固定样品瓶在水体中直接灌装,采样后迅速提出水面,保持一定的顶空体积,在现场用石油醚萃取。测定油类的样品容器禁止预先用水样冲洗。

⑥质控样品采样要求。

a.现场空白样是指在现场以纯水作样品,按测定项目的采集方法和要求,与样品同等条件下瓶装、保存、运输,送交实验室分析的样品。

b.现场平行样品是指在同等采样条件下,采集平行双样,送往实验室分析。

c.现场空白样和现场平行样品采样数量各控制在采样总数的 10% 左右,或在每批采 2 个样品。

2.2.4.4 采样深度

对宽度大于 30m、水较深的河流,在水面下 0.3~0.5m 处和距河底 2m 处分别采集样品。对于水深小于 5m 的河流,在水面下 0.3~0.5m 处采集样品。湖泊、水库(塘)在水面下 0.3~0.5m 处采集样品。

2.2.4.5 采样量

水样的采样量,由监测项目决定,实际采水量为实际用量的 3~5 倍。一般采集 50~2000mL 即可达到要求。

2.2.4.6 采样时间及频率

(1)根据当地主要灌溉作物用水时间,或视监测目的确定采样时间及频率

1)根据当地主要灌溉作物用水时间安排采样频率,一般要求各灌溉期至少取样 1 次。

2)对于主要粮食作物小麦、水稻、玉米,在其生长发育期的各阶段采样频率为:

①小麦:在播前水、越冬水、返青水、拔节水、抽穗水、灌浆水等时间内采样,重点是越冬水和返青拔节期;

②单季稻:在泡田、分蘖、拔节、灌浆期内采样,重点是分蘖、拔节期;双季稻:在 5 月中旬、6 月下旬、8 月上旬、9 月下旬采样;

③玉米:在播前期、苗期拔节期、孕育期、灌浆期内采样,重点是拔节期和孕穗期。

(2)用作灌溉的河流、湖(库)等水源采样频率

每年分丰、枯、平三水期,每期采样 1 次,同时还要结合当地农作物情况,在集中灌溉期间补充 1~2 次采样。底泥每年采样 1 次。

(3)用于灌溉的地下水水源的采样频率

地下水水质一般较稳定,每年在主要灌溉期间取样 1~2 次。

(4)农村畜禽饮水水源的采样频率

如采样点与农田灌溉水质监测采样点相同,不必重复采样,仅在分析时相应增加有关项目即可,如采样点不同,每年按丰、枯、平三水期,至少各采样 1 次。

(5)用于农村水产品养殖水源的采样频率

如采样点与农田灌溉水质监测采样点相同，亦不必重复采样，仅分析时相应增加有关项目即可；如采样点不同，每年按鱼虾类等水产品的苗期、生长期和捕捞期，至少各采样分析 1 次。

(6)污水排放沟渠水源的采样频率

每年按旱季雨季各采样 1 次。

(7)污染事故等采样频率

如遇特殊情况（污染事故等），应随时增加采样频率进行应急性监测，以了解污染状况。

2.2.4.7　采样现场记录

认真填写好水样采样现场记录、样品标签、样品登记表等，用硬质铅笔或圆珠笔书写，样品登记表应 1 式 3 份，样品标签见图 2-1。

农用水源样品标签

样品编号：________________

业务代号：________________

样品名称：________________

采样地点：________________

监测项目：________________

保存剂及数量：_____________

采样人：________________

采样时间：________________

图 2-1　农用水源样品标签

2.2.4.8　采样注意事项

1)采样时保证采样点位置准确，不搅动底部沉积物。

2)洁净的容器在装入水样之前，应先用该采样点水样冲洗 2～3 次，然后装入水样。

3)待测溶解氧的水样应严格不接触空气，其他水样也应尽量少接触空气。

4)采样结束前，应仔细检查采样记录和水样，若漏采或不符合规定者，应立即补采或重采。经检查确定准确无误方可离开现场。

2.2.5　样品编号

1)农用水源样品编号是由类别代号、顺序号组成。

类别代号：用农用水源关键字中文拼音的 1～2 个大写字母表示，即“SH”表示农用水源

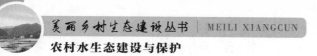

样品。

顺序号：用阿拉伯数字表示不同地点采集的样品，样品编号从 SH001 号开始，一个顺序号为 1 个采样点采集的样品。

2）对照点和背景点样，在编号后加"CK"。

3）样品登记的编号。

样品运转的编号均与采集样品的编号一致，以防混淆。

2.2.6　样品的运输

水样运输前必须逐个与采样记录和样品标签核对，核对无误后应将样品容器内外盖盖紧，装箱时应用泡沫塑料或波纹纸间隔，防止样品在运输中因震动、碰撞而导致破损或玷污；需冷藏的样品应配备专门的隔热容器，放入制冷剂，样品瓶置于其中保存；样品运输时必须配专人押送，水样送往实验分析时，接收者与运送者首先要核对样品，验明标志，确切无误时双方在样品登记表上签字。

2.3　农村水生态质量评价标准与排放标准

在对农村水生态质量进行评价时，通常会根据已有的相关标准对当地水质进行评价，是最为直观的评价方法。本节主要总结了现有有关农村水环境质量标准和排放标准，拟为农村水生态质量评价提供参考。

2.3.1　农村水环境质量标准

目前，农村水环境质量标准主要包括《地表水环境质量标准》（GB 3838—2002）、《农田灌溉水质标准》（GB 5084—2005）、《渔业水质标准》（GB 11607—1989），为农村生产和生活用水质量评价提供依据。

2.3.1.1　《地表水环境质量标准》（GB 3838—2002）

标准适用于我国领域内江河、湖泊、运河、渠道、水库等具有使用功能的地表水水域。具有特定功能的水域，执行相应的专业用水水质标准。其目的是保障人体健康、维护生态平衡、保护水资源、控制水污染、改善地表水质量和促进生产。依据地表水水域环境功能和保护目标，按功能高低依次划分为五类（表 2-2）：

Ⅰ类主要适用于源头水、国家自然保护区；

Ⅱ类主要适用于集中式生活饮用水地表水源地一级保护区、珍稀水生生物栖息地、鱼虾类产卵场、仔稚幼鱼的索饵场等；

Ⅲ类主要适用于集中式生活饮用水地表水源地二级保护区、鱼虾类越冬场、巡回通道、水产养殖区等渔业水域及游泳区；

IV 类主要适用于一般工业用水区及人体非直接接触的娱乐用水区；

V 类主要适用于农业用水区及一般景观要求水域。

表 2-2　　　　　　　　　　《地表水环境质量标准》(GB 3838—2002)基本项目标准限值

序号	标准值项目	I 类	II 类	III 类	IV 类	V 类
1	水温(℃)	人为造成的环境水温变化应限制在:周平均最大温升≤1,周平均最大温降≤2				
2	pH 值(无量纲)	6～9				
3	溶解氧(mg/L)	饱和率90% 或≥7.5	≥6	≥5	≥3	≥2
4	高锰酸盐指数(mg/L)	≤2	≤4	≤6	≤10	≤15
5	化学需氧量(mg/L)	≤15	≤15	≤20	≤30	≤40
6	五日生化需氧量(mg/L)	≤3	≤3	≤4	≤6	≤10
7	氨氮(mg/L)	≤0.15	≤0.5	≤1.0	≤1.5	≤2.0
8	总磷(mg/L)	≤0.02 (湖库≤0.01)	≤0.1 (湖库≤0.025)	≤0.2 (湖库≤0.05)	≤0.3 (湖库≤0.1)	≤0.4 (湖库≤0.2)
9	总氮(mg/L)	≤0.2	≤0.5	≤1.0	≤1.5	≤2.0
10	铜(mg/L)	≤0.01	≤1.0	≤1.0	≤1.0	≤1.0
11	锌(mg/L)	≤0.05	≤1.0	≤1.0	≤2.0	≤2.0
≤12	氟化物(mg/L)	≤1.0	≤1.0	≤1.0	≤1.5	≤1.5
13	硒(mg/L)	≤0.01	≤0.01	≤0.01	≤0.02	≤0.02
14	砷(mg/L)	≤0.05	≤0.05	≤0.05	≤0.1	≤0.1
≤15	汞(mg/L)	≤0.00005	≤0.00005	≤0.00005	≤0.00001	≤0.00001
16	镉(mg/L)	≤0.001	≤0.005	≤0.005	≤0.005	≤0.01
17	铬(六价,mg/L)	≤0.01	≤0.05	≤0.05	≤0.05	≤0.1
18	铅(mg/L)	≤0.01	≤0.01	≤0.05	≤0.05	≤0.1
19	氰化物(mg/L)	≤0.005	≤0.05	≤0.2	≤0.2	≤0.2
20	挥发酚(mg/L)	≤0.002	≤0.0020	≤0.005	≤0.01	≤0.1
21	石油类(mg/L)	≤0.05	≤0.05	≤0.05	≤0.5	≤1.0
22	阴离子表面活性剂(mg/L)	≤0.2	≤0.2	≤0.2	≤0.3	≤0.3
23	悬浮物(mg/L)	≤0.05	≤0.05	≤0.05	≤0.5	≤1.0
24	大肠杆菌群(个/L)	≤200	≤2000	≤10000	≤20000	≤40000

2.3.1.2　《农田灌溉水质标准》(GB 5084—2005)

　　为防止土壤、地下水和农产品受到污染,保障人体健康、维护生态平衡、促进经济发展,国家颁布了有关农田灌溉水质的标准。本部分主要介绍了在利用地下水、地表水或处理后的养殖业废水及农产品为原料加工的工业废水作为水源的农田灌溉用水的水质标准,见表 2-3。

（1）农田灌溉用水水质基本控制项目标准值

表 2-3　　　　　　　　　　农田灌溉用水水质基本控制项目标准值

序号	项目类别	作物种类		
		水作	旱作	蔬菜
1	五日生化需氧量(mg/L)	≤60	≤100	≤40a,≤15b
2	化学需氧量(mg/L)	≤150	≤200	≤100a,≤60b
3	悬浮物(mg/L)	≤80	≤100	≤60a,≤15b
4	阴离子表面活性剂(mg/L)	≤5	≤8	≤5
5	水温(℃)	≤35		
6	pH 值	5.5～8.5		
7	全盐量(mg/L)	≤1000c(非盐碱土地区),≤2000c(盐碱土地区)		
8	氯含量(mg/L)	≤350		
9	悬浮物(mg/L)	≤1		
10	总汞(mg/L)	≤0.001		
11	镉(mg/L)	≤0.01		
12	总砷(mg/L)	≤0.05	≤0.1	≤0.05
13	铬(六价,mg/L)	≤0.1		
14	铅(mg/L)	≤0.2		
15	粪大肠杆菌数(个/100mL)	≤4000	≤4000	≤2000a,≤1000b
16	蛔虫卵数(个/L)	≤2		≤2a,≤1b

注：a表示加工、烹调及去皮蔬菜，b表示生食类蔬菜、瓜果和草本植物，c表示具有一定的水力灌排设施，能保证一定的排水和地下水径流条件的地区，或有一定淡水资源能满足冲洗土体中盐分的地区，农田灌溉水质全盐指标可以适当放宽。

（2）农田灌溉用水水质选择性控制项目标准值

针对部分特殊地区如矿场、油田等地区附近的农田灌溉用水需要对特殊指标进行控制。见表2-4。

表 2-4　　　　　　　　　农田灌溉用水水质选择性控制项目标准值

序号	项目类别	作物种类		
		水作	旱作	蔬菜
1	铜(mg/L)	≤0.5	≤1	
2	锌(mg/L)	≤2		
3	硒(mg/L)	≤0.02		
4	氟化物(mg/L)	≤2(一般地区),≤3(高氟区)		
5	氰化物(mg/L)	≤0.5		
6	石油类(mg/L)	≤5	≤10	≤1
7	挥发酚(mg/L)	≤1		
8	苯(mg/L)	≤2.5		
9	三氯乙醛(mg/L)	≤1	≤0.5	≤0.5
10	丙烯醛(mg/L)	≤0.5		
11	硼(mg/L)	≤1a,≤2b,≤3c		

注：a表示对硼敏感作物，如黄瓜、豆类、马铃薯、笋瓜、韭菜、洋葱、柑橘等。b表示对硼耐受性较强的作物，如小麦、玉米、青椒、小白菜、葱等。c表示对硼耐受性强的作物，如水稻、萝卜、油菜、甘蓝等。

2.3.1.3 《渔业水质标准》(GB 11607—1989)

为防止和控制渔业水域水质污染,保证鱼、贝、藻类正常生长、繁殖和水产品的质量,制定了《渔业水质标准》(GB 11607—1989)。本标准适用于鱼虾类的产卵场、索饵场、越冬场、洄游通道和水产增养殖区等海水、淡水的渔业水域,见表2-5。

表 2-5 渔业水质基本控制项目标准值

项目序号	项目	标准值
1	色、臭、味	不得使鱼、虾、贝、藻带有异色和异味
2	漂浮物质	不得出现明显油膜或浮沫
3	悬浮物质(mg/L)	人为增加量不得超过10,而且悬浮物质 沉积于底部后不得对鱼、虾、贝产生有害的影响
4	pH 值	淡水 6.5～8.5,海水 7.0～8.5
5	溶解氧(mg/L)	在连续 24h 中,16h 必须大于5,其余任何时候不得低于3, 对于鲑科鱼类栖息水域冰封期其余任何时候不得低于4
6	生化需氧量(mg/L)	不超过5,冰封期不超过3
7	总大肠菌群(个/L)	不超过 5000 个/L(贝类养殖水质不超过 500 个/L)
8	汞(mg/L)	≤0.0005
9	镉(mg/L)	≤0.005
10	铅(mg/L)	≤0.05
11	铬(mg/L)	≤0.1
12	铜(mg/L)	≤0.01
13	锌(mg/L)	≤0.1
14	镍(mg/L)	≤0.05
15	砷(mg/L)	≤0.05
16	氰化物(mg/L)	≤0.005
17	悬浮物(mg/L)	≤0.2
18	氟化物(mg/L)	≤1
19	非离子氨(mg/L)	≤0.02
20	凯氏氮(mg/L)	≤0.05
21	挥发酚(mg/L)	≤0.005
22	黄磷(mg/L)	≤0.001
23	石油类(mg/L)	≤0.05
24	丙烯腈(mg/L)	≤0.5
25	丙烯醛(mg/L)	≤0.02
26	六六六(mg/L)	≤0.002
27	滴滴涕(mg/L)	≤0.001
28	马拉硫磷(mg/L)	≤0.005
29	五氯酚钠(mg/L)	≤0.01
30	乐果(mg/L)	≤0.1
31	甲胺磷(mg/L)	≤1
32	甲基对硫磷(mg/L)	≤0.0005
33	呋喃丹(mg/L)	≤0.01

2.3.2 农村水环境排放标准

2.3.2.1 《污水综合排放标准》(GB 8978—1996)

《污水综合排放标准》(GB 8978—1996)是为了保证环境水体质量,对排放污水的一切企、事业单位所作的规定。这里可以是浓度控制,也可以是总量控制。前者执行方便;后者是基于受纳水体的实际功能,得到允许排放的总量,再予以分配的方法,它更科学,但实际执行起来较困难。发达国家大多采用排污许可证与行业排放标准相结合的方法,这是以总量控制为基础的双重控制,排污许可证规定了在有效期内向指定受纳水体排放限定污染物的种类和数量,实际是以总量为基础,而行业排放标准则是根据各行业特点所制定,符合生产实际。这种方法需要大量的基础研究为前提。例如:美国有超过 100 个行业排放标准,每个行业下还有很多子类。

我国由于基础工作尚有待完善,总体上采用按受纳水体的功能区类别分类规定排放标准值,重点行业执行行业排放标准,非重点行业执行《污水综合排放标准》(GB 8978—1996),分时段、分级控制。部分地区也已将排污许可证与行业排放标准相结合,总体上逐步向国际接轨。

《污水综合排放标准》(GB 8978—1996)适用于排放污水的一切企、事业单位。按地表水域使用功能要求和污水排放去向,分别执行一、二、三级标准,对于保护区禁止新建排污口的情况,已有的排污口应按水体功能要求,实行污染物总量控制。

标准将排放的污染物按其性质及控制方式分为两类:

第一类污染物,不分行业和污水排放方式,也不分受纳水体的功能类别,在车间或车间处理设施排放口采样,其最高允许排放的限值必须符合表 2-6 的规定。第一类污染物是指能在环境或动、植物体内积累,对人体健康产生长远不良影响的污染物质。

第二类污染物,指长远影响小于第一类污染物的污染物质,在排污单位的排放口采样,其最高允许排放的限值按表 2-7 中的规定执行。对第二类污染物区分 1997 年 12 月 31 日及以前和 1998 年 1 月 1 日及以后建设的单位分别执行不同的标准值;同时又 29 个行业的行业标准纳入此标准(最高允许排水量、最高允许排放的限值)。

表 2-6　　　　　　　　　　第一类污染物最高允许排放浓度　　　　　　　　　(单位:mg/L)

序号	污染物	最高允许排放浓度
1	总汞	0.05
2	烷基汞	不得检出
3	总镉	0.1
4	总铬	1.5
5	六价铬	0.5
6	总砷	0.5
7	总铅	1.0

续表

序号	污染物	最高允许排放浓度
8	总镍	1.0
9	苯并(a)芘	0.00003
10	总铍	0.005
11	总银	0.5
12	总 α 放射性(Bq/L)	1
13	总 β 放射性(Bq/L)	10

表 2-7　　　　　　　第二类污染物最高允许排放的限值　　　　　　（单位:mg/L）

序号	污染物	适用范围	一级标准	二级标准	三级标准
1	pH 值	一切排污单位	6～9	6～9	6～9
2	色度(稀释倍数)	一切排污单位	50	80	—
3	悬浮物	采矿、选矿、选煤工业	70	300	—
		脉金选矿	70	400	—
		边远地区砂金选矿	70	800	—
		城镇二级污水处理厂	20	30	—
		其他排污单位	70	150	400
4	五日生化需氧量	甘蔗制糖、苎麻脱胶、湿法纤维板工业	20	60	600
		甜菜制糖、酒精、味精、皮革、化纤浆粕工业	20	100	600
		城镇二级污水处理厂	20	30	—
		其他排污单位	20	30	300
5	化学需氧量	甜菜制糖、焦化、合成脂肪酸、湿法纤维板、染料、洗毛、有机磷农药工业	100	200	1000
		味精、酒精、医药原料药、生物制药、苎麻脱胶、皮革、化纤浆粕工业	100	300	1000
		石油化工工业(包括石油炼制)	60	120	500
		城镇二级污水处理厂	60	120	—
		其他排污单位	100	150	500
6	石油类	一切排污单位	5	10	20
7	动植物油	一切排污单位	10	15	100
8	挥发酚	一切排污单位	0.5	0.5	2.0
9	总氰化合物	一切排污单位	0.5	0.5	1.0
10	悬浮物	一切排污单位	1.0	1.0	1.0
11	氨氮	医药原料药、染料、石油化工工业	15	50	
		其他排污单位	15	25	—

续表

序号	污染物	适用范围	一级标准	二级标准	三级标准
12	氟化物	黄磷工业	10	15	20
		低氟地区（水体含氟量小于0.5mg/L）	10	20	30
		其他排污单位	10	10	20
13	磷酸盐（以P计）	一切排污单位	0.5	1.0	—
14	甲醛	一切排污单位	1.0	2.0	5.0
15	苯胺类	一切排污单位	1.0	2.0	5.0
16	硝基苯类	一切排污单位	2.0	3.0	5.0
17	阴离子表面活性剂（LAS）	一切排污单位	5.0	10	20
18	总铜	一切排污单位	0.5	1.0	2.0
19	总锌	一切排污单位	2.0	5.0	5.0
20	总锰	合成脂肪酸工业	2.0	5.0	5.0
		其他排污单位	2.0	2.0	5.0
21	彩色显影剂	电影洗片	1.0	2.0	3.0
22	显影剂及氧化物总量	电影洗片	3.0	3.0	6.0
23	元素磷	一切排污单位	0.1	0.1	0.3
24	有机磷农药（以P计）	一切排污单位	不得检出	0.5	0.5
25	乐果	一切排污单位	不得检出	1.0	2.0
26	对硫磷	一切排污单位	不得检出	1.0	2.0
27	甲基对硫磷	一切排污单位	不得检出	1.0	2.0
28	马拉硫磷	一切排污单位	不得检出	5.0	10
29	五氯酚及五氯酚钠（以五氯酚计）	一切排污单位	5.0	8.0	10
30	可吸附有机卤化物（以CL计）	一切排污单位	1.0	5.0	8.0
31	三氯甲烷	一切排污单位	0.3	0.6	1.0
32	四氯化碳	一切排污单位	0.03	0.06	0.5
33	三氯乙烯	一切排污单位	0.3	0.6	1.0
34	四氯乙烯	一切排污单位	0.1	0.2	0.5
35	苯	一切排污单位	0.1	0.2	0.5
36	甲苯	一切排污单位	0.1	0.2	0.5
37	乙苯	一切排污单位	0.4	0.6	1.0
38	邻二甲苯	一切排污单位	0.4	0.6	1.0
39	对二甲苯	一切排污单位	0.4	0.6	1.0
40	间二甲苯	一切排污单位	0.4	0.6	1.0
41	氯苯	一切排污单位	0.2	0.4	1.0
42	邻二氯苯	一切排污单位	0.4	0.6	1.0
43	对二氯苯	一切排污单位	0.4	0.6	1.0

续表

序号	污染物	适用范围	一级标准	二级标准	三级标准
44	对硝基氯苯	一切排污单位	0.5	1.0	5.0
45	24—二硝基氯苯	一切排污单位	0.5	1.0	5.0
46	苯酚	一切排污单位	0.3	0.4	1.0
47	间甲酚	一切排污单位	0.1	0.2	0.5
48	24—二氯酚	一切排污单位	0.6	0.8	1.0
49	246—三氯酚	一切排污单位	0.6	0.8	1.0
50	邻苯二甲酸二丁酯	一切排污单位	0.2	0.4	2.0
51	邻苯二甲酸二辛酯	一切排污单位	0.3	0.6	2.0
52	丙烯腈	一切排污单位	2.0	5.0	5.0
53	总硒	一切排污单位	0.1	0.2	0.5
54	粪大肠菌群(个/L)	医院、兽医院及医疗机构含病原体污水	500	1000	5000
		传染病、结核病医院污水	100	500	1000
55	总余氯(采用氯化消毒的医院污水)	医院、兽医院及医疗机构含病原体污水	<0.5	>3(接触时间≥1h)	>2(接触时间≥1h)
		传染病、结核病医院污水	<0.5	>6.5(接触时间≥1.5h)	>5(接触时间≥1.5h)
56	总有机碳(TOC)	合成脂肪酸工业	20	40	—
		苎麻脱胶工业	20	60	—
		其他排放物单位	20	30	—

2.3.2.2 《淡水养殖尾水排放标准(意见征求稿)》

为推进水产养殖绿色发展,对防控水产养殖尾水排放污染环境提供技术支撑,农业农村部渔业渔政管理局提出并组织对现行的《淡水池塘养殖水排放要求》(SC/T 9101—2007)和《海水养殖水排放要求》(SC/T 9103—2007)进行了修订。用《淡水养殖尾水排放要求》代替《淡水池塘养殖水排放要求》(SC/T 9101—2007),见表 2-8。

养殖尾水定义:在水产养殖过程中或养殖结束后,由养殖体系(包括养殖池塘、工厂化车间等)向自然水域排出的不再使用的养殖水。

表 2-8　　　　　　　　　　　　淡水养殖尾水排放要求标准值

序号	项目	一级标准	二级标准
1	悬浮物(mg/L)	≤50	≤50
2	pH 值	6~9	
3	高锰酸盐指数(mg/L)	≤15	≤25
4	总磷(mg/L)	≤0.5	≤1.0
5	总氮(mg/L)	≤3.0	≤5.0

按使用功能和保护目标，将淡水养殖尾水排放去向的淡水水域划分为三种水域：

（1）特殊保护水域

特殊保护水域指《地表水环境质量标准》（GB 3838—2002）中Ⅰ类、Ⅱ类水域，以及《养殖水域滩涂规划》编制工作规范中的禁养区，主要适合于源头水、国家自然保护区、集中式生活饮用水水源地一级保护区，以及国家级水产种质资源保护区核心区，在此区域禁止从事水产养殖，原有的养殖用水应循环使用，不得外排。

（2）重点保护水域

重点保护水域指《地表水环境质量标准》（GB 3838—2002）中的部分水域和《养殖水域滩涂规划》编制工作规范中的限养区，主要适合于集中式生活饮用水水源地二级保护区、自然保护区实验区和外围保护地带、国家级水产种质资源保护区实验区、风景名胜区，此区域从事水产养殖应采取污染防治措施，养殖尾水排放执行表 2-7 中的一级标准。

（3）一般水域

一般水域指《地表水环境质量标准》（GB 3838—2002 ）中Ⅱ类的部分水域、Ⅳ类和Ⅴ类水域，以及《养殖水域滩涂规划》编制工作规范中的养殖区，主要适合于水产养殖区、游泳区、工业用水区、人体非直接接触的娱乐用水区、农业用水区及一般景观要求水域，排入该水域的淡水池塘养殖水执行表 2-7 中的二级标准。

《淡水养殖尾水排放要求》主要控制指标是在考虑由于养殖过程中可能产生对环境造成不良影响的指标，即以氮、磷、有机物为主要控制指标。目前，我国淡水养殖基本已经从粗放式养殖转移到精养式养殖和半精养式养殖，养殖从业人员为了达到经济最大化，多数采用高密度、高投入、高产出的养殖方式，由于各地经济发达程度不同，投喂的饵料质量和利用率存在一定的差异，相对落后的地方淡水池塘养殖业者投喂的饵料加工相对要粗糙，饵料利用率低，对环境造成的影响相对要大，为了促进生长，养殖业者还会使用一些添加剂、促生长剂，这些对环境也会产生影响。除此之外，在养殖过程中养殖生物的病害防治还要使用各种消毒剂、抗生素等药物，这些也会对环境产生影响。在这些环境问题中，最主要的是养殖过程中由于投喂的饵料质量粗糙、利用率低，造成养殖排放水中有机物含量高，氮磷总量相应增加，引起水体富营养化。

2.3.2.3 《农村生活污水排放标准》（DB 13/2171—2015）

农村生活污水处理排放标准的制定，要根据农村不同区位条件、村庄人口聚集程度、污水产生规模、排放去向和人居环境改善需求，按照分区分级、宽严相济、回用优先、注重实效、便于监管的原则，分类确定控制指标和排放限值。

目前，农村生活污水就近纳入城镇污水管网的，执行《污水排入城镇下水道水质标准》（GB/T 31962—2015）。500 m³/d 以上规模（含 500 m³/d）的农村生活污水处理设施可参照执行《城镇污水处理厂污染物排放标准》（GB 18918—2002）。农村生活污水处理排放标准原则上适用于处理规模在 500 m³/d 以下的农村生活污水处理设施污染物排放管理，暂时没有一个统一的标准，各地一般根据实际情况确定具体处理规模标准。该部分主要参照河北省

《农村生活污水排放标准》(DB 13/2171—2015),见表2-9。

参考《城镇污水处理厂污染物排放标准》(GB 18918—2002)和《污水综合排放标准》(GB 8978—2002)的有关规定,将控制项目标准值分为一级标准、二级标准、三级标准。一级标准又分为A标准和B标准。

1)排入国家、省确定的重点流域及湖泊、水库等封闭、半封闭水域,或引入稀释能力较小的河湖作为景观用水和一般回用水等用途,以及排水不能汇入地表水系时,执行一级标准的A标准。

2)对于发达、较发达型农村,当出水排入《地表水环境质量标准》(GB 3838—2002)地表水Ⅱ类功能水域(划定的饮用水水源保护区和游泳区除外)、《海水水质标准》(GB 3097—1997)海水二类功能水域时,执行一级标准的B标准。

3)对于欠发达型农村,当出水排入《地表水环境质量标准》(GB 3838—2002)地表水Ⅲ类功能水域(划定的饮用水水源保护区和游泳区除外)、《海水水质标准》(GB 3097—1997)海水二类功能水域时,执行二级标准。

4)当出水排入《地表水环境质量标准》(GB 3838—2002)地表水Ⅳ、Ⅴ类功能水域或《海水水质标准》(GB 3097—1997)海水三、四类功能海域时,执行三级标准。

表2-9   农村生活污水排放要求标准值

序号	控制项目名称	一级标准		二级标准	三级标准
		A 标准	B 标准		
1	pH 值	6~9			
2	色度(倍)	30	30	50	80
3	化学需氧量(mg/L)	50	60	100	150
4	生化需氧量(mg/L)	10	20	20	30
5	悬浮物	10	20	40	50
6	总氮(以 N 计,mg/L)	15	20	—	—
7	氨氮(mg/L)	5(8)	8(15)	15	25
8	总磷(以 P 计,mg/L)	0.5	1	—	—
9	阴离子表面活性剂(mg/L)	0.5	1	5	10
10	动植物油(mg/L)	1	3	10	15
11	粪大肠杆菌群数(个/L)	10^3	10^4	10^4	10^4

注:括号外数值为水温>12℃时的控制指标,括号内数值为水温≤12℃时的控制指标。

2.4 农村水生态评价方法

水资源质量评价是水资源评价的重要组成部分,也是水生态评价的重要组成部分。合理的水资源质量评价体系,对了解区域水资源质量现状、揭示水环境演变时空规律、分析水污染发展态势、诊断水环境问题、确定合理的水环境承载能力、制定水资源保护规划方案,具有不可替代的作用。

2.4.1 生物学评价方法

目前,美国和欧盟的湖库生态系统健康评价多采用生物学评价方法,即通过选择本地区未受人类活动影响的天然水体作为参照湖库,利用被评价水体的水生生物(如浮游动物、浮游植物、底栖动物、鱼类等)、理化指标以及水文地貌等要素,基本特征见表2-10。

表 2-10　　　　　　　　　　河湖水生生态系统健康评价等级与基本特征

评价等级	基本特征
健康 (Ⅰ~Ⅱ级)	1.集水区(流域)和湖滨带植被覆盖度高,无点源污染,面源污染得到有效控制,湖区内有一定数量的水生植物群落分布,能保持生态持水量。 2.水体透明度高,水清澈,无异味,夏秋季水面无水华。 3.水面可见有一定数量活动的鱼类,种类较多。 4.水体周围及水中可见两栖动物活动、繁殖。 5.有相当数量的鸟类活动,包括游禽(绿头鸭等)和涉禽(池鹭、白鹭、鹬类等)且有一定数量,比较常见。繁殖期可见到幼鸟活动
亚健康 (Ⅲ)	1.集水区(流域)和湖滨带植被已受到一定程度的破坏,点源、面源污染未得到有效控制,湖区内沉水植物群落少,不能保持生态持水量。 2.水体透明度低,水浑浊,微绿,微有异味,水面有少量沫状漂浮物。 3.水面可以见到鱼类活动,但数量不多,种类较少。 4.只有岸边可以见到两栖动物活动,繁殖期无繁殖个体和幼体或蝌蚪。 5.水面和岸边可以见到有游禽或涉禽活动,数量不多
不健康 (Ⅳ)	1.集水区(流域)和湖滨带植被被严重破坏,点源或面源污染较重,湖区内水生植物缺乏(或面积很大且疯长),不能保持生态持水量。 2.水体透明度差,水浑浊,浓绿色、蓝绿色或褐色,夏秋季藻类生长旺盛,异味大,有大面积水华不健康(Ⅳ~Ⅴ级)。 3.水面很少见到鱼类活动,鱼类主要以底层活动为主。 4.无任何两栖动物活动。 5.水面或岸边偶见鸟类活动,繁殖期无幼鸟活动

对水文地貌、理化指标及水生生物要素三大水生态监测要素的各项因子单独进行评价分类,按照"从劣不从优"的原则确定最终水生态健康状态。各单项指标评价方法如下:

2.4.1.1 水文地貌

根据河床几何形状、河床底质人工化状况、植被自然多样性、河流连续性、水利工程以及人类活动影响程度等将地表水体的河流水文地貌分为5级,分级标准见表2-11。湖库的水文地貌评价要素在河流水文地貌分级标准的基础上增加了库滨带植被覆盖度、水体更新周期、水面面积和平均水深等评价因子,分级标准见表2-12。

表 2-11 　　　　　　　　　　　　　　　　河流水文地貌分级标准

级别	特性
Ⅰ级:优	保持自然,沟道连续,无人为干扰
Ⅱ级:良	接近自然,流水与泥沙输移畅通,沟道一岸被束窄,河底与地下水连通,无横向拦挡建筑物
Ⅲ级:中	河道流水与泥沙输移受中等程度影响,河道两岸被束窄,河底连通,有一些小型跌水或横向拦挡建筑物,但不阻碍河流连续性
Ⅳ级:差	河道流水与泥沙输移受较大程度影响,河道两岸被束窄,河底连通,有横向拦挡建筑物,在一定程度上阻碍河流连续性
Ⅴ级:劣	河道两岸被束窄,河底铺就混凝土,与地下水无连通

表 2-12 　　　　　　　　　　　　　　　　湖库水文地貌分级标准

评价因子	分级				
	Ⅰ	Ⅱ	Ⅲ	Ⅳ	Ⅴ
库滨带植被覆盖度(%)	≥80	≥75	≥50	≥35	0
水体更新周期(a)	≤1	≤2	≤3	≤4	≤5
水面面积(km²)	≥5	≥2	≥1	≥0.2	≥0
平均水深(m)	≥8	≥6	≥4	≥2	0

2.4.1.2　理化指标

水体物理、化学指标能准确地反映水体中污染物的种类、浓度和水环境状况,是水生态监测评估的必选项目,分水体水质类别评价与富营养化评价。

(1)水质类别评价

地表水水质的优劣,能基本反映出其集水区生态系统的健康状况。选取 6 项化学指标:溶解氧,高锰酸盐指数,总氮,氨氮,总磷,pH 值。参照《地表水环境质量标准》(GB 3838—2002)标准限值,将监测水体分为 5 类,其中国家标准中Ⅰ~Ⅱ类水体定义为"优",Ⅲ类水体定义为"良",Ⅳ类水体定义为"中等",Ⅴ类水体定义为"差",劣Ⅴ类水体定义为"劣"。

(2)富营养化评价

根据水体 5 项理化指标透明度、叶绿素 a(Chl-a)、总氮、总磷、化学需氧量的监测数据,参照修正的营养状态指数(TSI)法,对湖库进行富营养化评价。评价等级分为贫营养、中营养、富营养(轻度、中度、重度)。根据水体富营养程度评分对应生态系统健康状况:贫营养对应"优"(Ⅰ级),中营养对应"良"(Ⅱ级),轻度富营养对应"中"(Ⅲ级),中度富营养对应"差"(Ⅳ级),重度富营养对应"劣"(Ⅴ级)。

2.4.1.3　水生生物要素

水生生物要素评价因子主要包括浮游植物、浮游动物和底栖动物。在通常情况下,生物

群落的种类多样性指数越高,其群落结构越复杂,稳定性越高,水质越好;而当水体受污染时,种类多样性指数降低,生物种类趋于单一,群落结构趋于简单,稳定性变差,水质下降。研究分别采用浮游植物密度(Q_1)、浮游动物密度(Q_2)、浮游植物 Shannon-Wiener 多样性指数(H)、浮游动物 Margalef 丰度指数(M)、底栖动物 Shannon-Wiener 多样性指数(H_2)和底栖动物 BI 指数进行评估,具体分级标准见表 2-13。

表 2-13 生物要素分级标准

评价因子	分级				
	优	良	中等	差	劣
Q_1 (10^6 cells/L)	≤ 1	≤ 10	≤ 40	≤ 100	> 100
Q_2 (10^3 ind./L)	≤ 1	≤ 3	≤ 5	≤ 10	> 10
H_1	≥ 4	≥ 3	≥ 2	≥ 1	0
M	≥ 4	≥ 3	≥ 2	≥ 1	0
H_2	≥ 4	≥ 3	≥ 2	≥ 1	0
BI	≤ 4.2	≤ 5.7	≤ 7.0	≤ 8.5	> 8.5

2.4.2 模糊综合评价法

模糊综合评价法的基本思路:由监测数据确立各因子指标对各级标准的隶属度集,形成隶属度矩阵,再把因子的权重集与隶属度矩阵相乘,得到综合评判集,表明评价水体水质对各级标准水质的隶属程度,其中值最大的元素所对应的类别即为水体评价类别。

2.4.3 水质综合污染指数法

水质综合污染指数法是用水体各监测项目的监测结果与其评价标准之比作为该项目的污染分指数,然后通过各种数学手段将各项目的分指数综合而得到该水体的污染指数,以此代表水体的污染程度,以及进行不同水体或同一条河流不同时期的水质比较。对分指数的处理不同,使水质评价污染指数存在着不同的形式,包括简单叠加指数、算术平均值指数、最大值指数、加权平均指数、混合加权模式等。

2.4.4 灰色系统理论法

灰色系统理论应用于水质综合评价中的基本思路是:计算水体水质中各因子的实测浓度与各级水质标准的关联度,根据关联度大小确定水体水质的级别。灰色系统理论进行水质综合评价的方法主要有灰色关联评价法、灰色聚类法、灰色贴近度分析法、灰色决策评价法等。

2.4.5　单因子指数法

单因子指数法是在所有参与综合水质评价的水质指标中,用最差的水质单项指标所属类别来确定水体综合水质类别,即用水质监测结果对照相关分类标准以确定其水质类别。

单因子评价法是《水资源保护规划技术大纲》中推荐的方法。《地表水环境质量标准》(GB 3838—2002)中明确规定:"地表水环境质量评价应根据应实现的水域功能类别,选取相应类别标准,进行单因子评价。"单因子评价指用水体中感观性、毒性和生物学等单因子的监测结果对照各自类别的评价标准,确定各项目的水质类别,在所有项目水质类别中选取水质最差类别作为水体水质类别。

该方法是操作最为简单的一种水质综合评价方法,目前使用较多,可直接了解水质状况与评价标准之间的关系。单因子评价法对水体水质从严要求,能够确保水体安全。但有时会由于过于严格的要求把水域使用功能评价得偏低,而且各评价参数之间互不联系,不能全面反映水体污染的综合情况。

2.4.6　人工神经网络法

人工神经网络(Artificial Neural Networks)是一种由大量处理单元组成的非线性自适应的系统。应用人工神经网络进行水质评价,首先将水质标准作为"学习样本",经过自适应、自组织的多次训练后,网络具有了对学习样本的记忆联想能力,然后将实测资料输入网络系统,由已掌握知识信息的网络对它们进行评价。这个过程类似于人脑的思维过程,因此可模拟人脑解决具有模糊性和不确定性的问题。

2.4.7　生物学指标在水质评价中的应用

目前,水质评价过程中往往采用大型水生植物、底栖大型无脊椎动物、鱼类等,以各类群在群落中所占比例作为水体污染的评价指标。随着近些年生物学理论和技术的快速发展,生物的生理生化指标(生物标记物)在水质评价中逐渐发挥重要的作用。

2.4.7.1　生物标记物评价方法

生物标志物作为一种新的技术,被应用于水体的污染监测。生物标志以研究污染物作用下生物体内各种生化和生理指标的变化为特征,是可衡量的环境污染物的暴露及效应的生物反应,包含的生物层次极为广泛,覆盖从生物分子到细胞器、细胞、组织、器官、个体、群体、群落直至生态系统的所有层次,是最完整和最综合的生物监测。

生物标志物可分为两类:一类是暴露生物标志物,仅指由污染物引起的生物体的变化,重在变化;另一类是效应生物标志物,则指污染物对生物体的不利效应,重在效应。生物标志物具有特异性、警示性和广泛性,可以反映污染物的累积作用,确定污染物与生物效应之间的因果关系,揭示污染物的暴露特征,更具备现场应用性等。指示水体污染的主要生物标

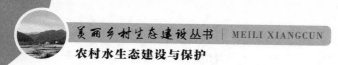

志物包括细胞色素 P4501A1、金属硫蛋白（MT）、DNA 加合物等。

2.4.7.2 藻类生物评价方法

国外通过大量的研究，以硅藻作为指示生物，建立了硅藻群落对数正态分布曲线。从曲线上可以看出，未受污染时，水体中的种群数量多，个体数目相对较少；但如果水体受到污染，则敏感种类减少，污染种类个体数量大增，形成优势种。一般而言，绿藻和蓝藻数量增多，甲藻、黄藻和金藻数量减少，反映水体被污染，而绿藻和蓝藻数量下降，甲藻、黄藻和金藻数量增加，则反映水质趋于好转。

2.4.7.3 大肠杆菌生物评价方法

《生活饮用水卫生标准》（GB 5749—2006）规定：总大肠菌群数不得检出，菌落总数≤100CFU/mL。CFU 是指在活菌培养计数时，由单个菌体或聚集成团的多个菌体在固体培养基上生长繁殖所形成的集落，称为菌落形成单位，以其表达活菌的数量。《地表水环境质量标准》（GB 3838—2002）规定：Ⅰ类水，粪大肠菌群数≤200 个/L；Ⅱ类水，粪大肠菌群数≤2000 个/L；Ⅲ类水，粪大肠菌群数（10000 个/L）。

2.4.7.4 寡毛类生物评价方法

寡毛类生物评价方法是利用寡毛类生物对水体有机污染的反应或水体中寡毛类种群优势的差异反映水体有机污染程度。当水体中有仙女虫科动物存在时，可认为该水体未受到有机污染，水体清洁或轻度污染；当水体中寡毛类以尾鳃蚓为优势种群，偶有颤蚓或水丝蚓出现时，可认为该水体处于中等程度的有机污染；当水体中寡毛类颤蚓的丰度极高并伴有水丝蚓出现时，可认为该水体处于重度有机污染状态，达到富营养化程度；当水体中仅有霍甫水丝蚓出现且丰度高时，可认为该水体受到严重的有机污染或农药污染，已接近水生生物绝迹的边缘。

中华颤蚓能忍受高度缺氧条件，多生活在有机物丰富的淤泥中，富营养化水体中数量极多，是严重有机污染的指示种。因此，普遍采用该种生物单位面积生物量来衡量水质有机污染程度。用单位面积颤蚓类数量作为水质污染指标，在底质为淤泥的条件下，颤蚓少于 100 条/m² 、扁蜉幼虫 100 个以上时，为未受污染的水体；颤蚓类个体 100 条/m² 以上、1000 条/m² 以下时，为轻污染；颤蚓类个体 1000 条/m² 以上、5000 条/m² 以下时，为中等污染；颤蚓类个体数量 5000 条/m² 以上时，为严重污染。也可以采用 Goodnight 污染指数评价水体污染程度。Goodnight 污染指数即指颤蚓类个体数量占整个底栖动物数量的百分比。Goodnight 污染指数大于 80%，表明水体存在严重的有机污染或工业污染；Goodnight 污染指数低于 60%，表明水质情况良好。

第3章　农村水环境治理

3.1　农村黑臭水体治理技术

　　近年来,随着农村经济社会的迅速发展,大量工业、生活污水排放入河,河道内垃圾倾倒问题也十分严重,导致水体黑臭现象普遍。然而,农村经济社会可持续发展也离不开美好的水环境为其提供支撑保障,农村黑臭水体已经成为影响农村形象和农村民众生活质量中亟待解决的问题。

3.1.1　农村黑臭水体污染现状及成因

3.1.1.1　农村黑臭水体污染现状

　　农村河道两岸多为土坡,土坡坍塌及水土流失严重,加上河岸垃圾的随意入河,小河浜、断头浜较多,河床淤积严重,在2009年对农村河道进行"一河一档"的普查中发现村级河道河底高程普遍都在1.5m以上有的甚至在2.0m以上,镇级河道稍微好些。长时间未有效疏浚等在一定程度上加剧了底泥的淤积,造成河道水体发臭、富营养化。

　　长期以来,受农村生活习惯的影响,流经村庄的河流成了沿岸村民的天然垃圾箱,随着大量外来人员的涌入,特别是开发园区的村镇更是人口聚集,大量小厨房、小厕所污水直排,垃圾直接掷入河道,直接污染了水体。

　　尽管目前农村经济社会发展迅速,但污水处理配套设施建设却相对滞后,日常污水的收集系统并不完善,大部分未经处理的生活污水、工业废水及雨水直接进入河网水体,超过了水环境的承载力,造成水质恶化、水体黑臭。

3.1.1.2　农村黑臭水体污染成因

　　当河道所接纳的污染负荷远远超过自身净化能力后,就会引起河道黑臭。在农村,造成河道黑臭的因素有多方面,既有水情变化,又有社会生产生活方式改变,也有农村在城镇化进程中建设管理等诸多原因,可分为以下几类:

　　(1)各类污染源

　　大量外源性污染物的进入是河道黑臭的主要原因。大量未经处理或处理程度不足的工业废水、生活污水和垃圾、畜禽粪便、农田化肥及各种重金属等污水排入受纳水体,使水体溶解氧几乎为零时就会引起水体黑臭。

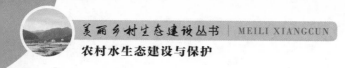

（2）水动力不足

农村的农业、企业用地、房屋、公路建设的填河和占用河道,有些将过河桥梁改为箱涵,有的甚至将埋设口径很小的涵管作过水断面,部分河道甚至被填堵或被截断形成断头浜,造成大部分河道水体流动缓慢或者几乎不流动,使得水体自净能力大为减弱,水体不流动造成水中的含氧量减少,逐渐变成了死水,经过日积月累产生淤积黑臭现象。

（3）上游水源条件差

污染程度越来越严重的上游来水加剧了河道的黑臭程度,受污染的河道无法通过引用清水来进行恢复;另外,已经治理好的河道可能会再次被上游来水所污染。

（4）水生生态系统被破坏

污染严重和环境条件恶劣,导致水体食物链中最重要、最基础的一环极度缺失,造成水体自身净化能力消失殆尽,进入水体的有机污染物无法得到及时有效的分解,加剧了水质恶化。

3.1.2 农村黑臭水体污染特征

黑臭水体的实质是有机污染的一种极端现象,包括外在视觉感官和黑臭内涵两个方面,且具有如下特点:

1)水体有机污染较严重,有的兼具明显的富营养化特征;水体中溶解氧含量较低,色度较差,氨氮含量较高;沉积物具有较强的还原性。

2)颜色呈黑色或泛黑色,具有差或极差感官体验。

3)散发刺激气味,引起人们不愉快甚至厌恶。

4)水体功能严重退化,水生生物不能生存甚至灭绝,食物链断裂,食物网破碎,生态系统结构严重失衡。

5)致黑物质,包括吸附于悬浮颗粒的不溶性物质(铁、锰、硫及硫化铁、硫化锰)、溶于水的带色有机化合物。

6)致臭物质,包括:甲硫醇、硫化氢和氨气(厌氧细菌产生),乔司胦和2—甲基异莰醇好氧细菌产生)。

3.1.3 农村黑臭水体污染控制思路

（1）组织开展农村黑臭水体排查识别

一方面制定标准规范。根据治理工作需求,在排查识别、制定方案、组织实施、监测评估、长效管理等方面,建立健全标准规范体系,制定《农村黑臭水体治理工作指南》。另一方面积极推进排查。以县级行政区为基本单元,开展农村黑臭水体排查,明确黑臭水体名称、地理位置、污染成因和治理范围等,建立名册台账。

（2）推进农村黑臭水体综合治理

在实地调查和环境监测基础上,确定污染源和污染状况,综合分析黑臭水体的污染成因,采取控源截污、清淤疏浚、水体净化等措施进行综合治理。在控源截污方面,根据实际情况,统筹推进农村黑臭水体治理与农村生活污水、畜禽粪污、水产养殖污染、种植业面源污染、改厕等治理工作,强化治理措施衔接整合,从源头控制水体黑臭。在清淤疏浚方面,综合评估农村黑臭水体水质和底泥状况,合理制定清淤疏浚方案。加强淤泥清理、排放、运输、处置的全过程管理,避免产生二次污染。在水体净化方面,依照村庄规划,对拟搬迁撤并空心村和过于分散、条件恶劣、生态脆弱的村庄,鼓励通过生态净化消除农村黑臭水体。通过推进退耕还林还草还湿、退田还河还湖和水源涵养林建设,采用生态净化手段,促进农村水生生态系统健康良性发展。因地制宜地推进水体水系连通,增强渠道、河道、池塘等水体流动性及自净能力。

（3）开展农村黑臭水体治理试点示范

各地择优推荐试点示范区名单（以县为单元）,并提交治理实施方案。2019—2020 年,根据各地农村自然条件、经济发展水平、污染成因、前期工作基础等方面,筛选农村黑臭水体治理试点示范县 30～50 个。生态环境部会同水利部、农业农村部组织确定试点示范区名单,并定期调度农村黑臭水体治理工作进展。开展试点示范督促指导,适时组织实施试点示范评估。

（4）建立农村黑臭水体治理长效机制

推动河湖长制体系向村级延伸。明确农村黑臭水体河长、湖长,健全河湖长制常态化管理。构建农村黑臭水体治理监管体系,建立健全监测机制。生态环境部门在有基础、有条件的地区开展水质监测工作。建立村民参与机制,发挥村民主体地位,将农村黑臭水体治理要求纳入村规民约,调动乡贤能人参与黑臭水体治理工作积极性。强化运维管理机制,健全农村黑臭水体治理设施第三方运维机制,鼓励专业化、市场化治理和运行管护。

3.1.4　农村黑臭水体污染控制措施

3.1.4.1　控源截污措施要点

（1）农村生活污水治理

充分考虑城乡发展、经济社会状况、生态环境功能区划和农村人口分布等因素,因地制宜地采用污染治理与资源利用相结合、工程措施与生态措施相结合、集中与分散相结合的建设模式和处理工艺。

有条件的地区推进城镇污水处理设施和服务向城镇近郊的农村延伸。离城镇生活污水管网较远、人口密集且不具备利用条件的村庄,可建设集中处理设施实现达标排放。人口较少、地形地势复杂的村庄,以卫生厕所改造为重点开展农村生活污水治理。

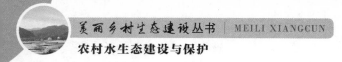

（2）农村厕所粪污治理

厕所粪污经无害化处理后就地就近还田渠道，鼓励探索堆肥等方式，推动厕所粪污资源化利用。将改厕与农村生活污水治理统筹推进，在方案编制、技术模式选择、设施建设维护、排放标准制定等方面有效衔接。主要使用水冲式厕所的地区，农村改厕与污水治理要做到一体化建设；主要使用传统旱厕和无水式厕所的地区，做好粪污无害化处理和资源化利用。

（3）畜禽粪污治理

优先考虑通过种养结合、种养平衡实现畜禽粪污腐熟后作为肥料就地就近还田利用。确实不能利用的，要经过处理做到达标排放，防止污染环境。配套土地消纳能力与养殖规模不匹配的地区，鼓励建立畜禽粪污收集运输体系和区域性处理中心。将畜禽规模养殖场纳入重点污染源管理。根据污染防治需要，配套建设畜禽粪污贮存、处理、利用设施，鼓励散养密集区实行畜禽粪污分户收集、集中处理。

（4）水产养殖污染防控

科学划定水产养殖禁养区、限养区和养殖区，优化水产养殖生产布局，大力发展生态健康养殖模式。推进网箱粪污残饵收集等环保设备升级改造，依法拆除非法网箱围网养殖。实施池塘标准化改造，完善循环水和进排水处理设施，支持生态沟渠、生态塘、人工湿地等尾水处理设施升级改造，推动养殖尾水资源化利用及达标排放。

（5）种植业污染治理

采取测土配方施肥、调整化肥使用结构、改进施肥方式、有机肥替代化肥等途径，实现化肥减量。推进高效低毒低残留农药替代高毒高残留农药、大中型高效药械替代小型低效药械，推行精准科学施药和病虫害统防统治，实现农药减量。采用生态沟渠、植物隔离条带、净化塘、地表径流集蓄池等设施减缓农田氮磷流失，减少农田退水对水体环境的直接污染。推进秸秆全过程资源化利用，优先就地还田。

（6）工业废水污染治理

加强城乡统筹污染治理。淘汰污染严重和落后的生产项目、工艺、设备，防止"高耗水、高污染"项目在农村地区死灰复燃。引导企业适当集中入园区，完善工业园区污水集中处理设施。加大农村工业企业污染排放监管和治理力度，防止农村黑臭水体治理范围内的工业企业废水直排。

（7）垃圾清理

完善农村垃圾收集转运体系，防止因垃圾乱堆乱放导致周边及下游水体受到污染。农村黑臭水体周边垃圾清理包括沿岸垃圾清理和水面漂浮物的清理。在彻底清理沿岸垃圾的基础上，对水面漂浮垃圾建立定期清捞的维护机制。

3.1.4.2　清淤疏浚措施要点

对于黑臭严重的水体，为快速降低黑臭水体的内源污染负荷，避免其他治理措施实施后，底泥污染物向水体释放，可采取机械清淤和水力清淤等方式，工程中需考虑水体原有黑臭水的存储和净化措施,杜绝采用三面光河道水体硬化方式开展黑臭水体治理。清淤前,需做好底泥污染调查,明确疏浚范围和深度;根据当地气候和降雨特征,合理选择底泥清淤季节;清淤工作应尽量减少对水生生物生长的影响;清淤后回水水质应满足"不黑臭"的指标要求。底泥运输和处理处置难度较大,存在二次污染风险,需要按规定安全处理处置。

3.1.4.3　生态修复措施要点

（1）水体净化

对拟搬迁撤并的空心村和过于分散、条件恶劣、生态脆弱的村庄,鼓励通过生态净化消除农村黑臭水体。推进退耕还林还草还湿、退田还湖和水源涵养林建设,维持渠道、河道、池塘等农村水体的自然岸线。种植水生植物,利用土壤—微生物—植物生态系统去除水体中的有机物、氮、磷等污染物。对于缺水地区或滞流、缓流水体,可以增加水体流动性及自净能力,但要严控以恢复水动力为由的调水冲污行为,严控缺水地区通过水系连通引水营造大水面、大景观行为。

（2）人工增氧

对于整治后农村水体的水质保持,可采用跌水、喷泉、射流以及其他各类曝气形式,有效提升水体的溶解氧水平;通过合理设计,在实现人工增氧的同时,提升水体流动性能,但应避免影响周边环境、水体的行洪或其他功能。

（3）水系恢复

在前期水系调查的基础上,因地制宜地实施必要的水体水系连通,打通断头河,拆除不必要的拦河坝,增强渠道、河道、池塘等水体流动性及自净能力。

3.1.5　黑臭水体治理案例

下面以山东省青岛市李村河黑臭水体治理工程为例进行分析。

3.1.5.1　项目概况

李村河是青岛东岸城区流域面积最大、河道最长、支流最多的一条入海河道,源于崂山余脉百果山,全长约 17km,汇水面积 147km²,流经李沧东部生态商住区、青银高速、李村商圈、重庆路、胶济铁路和环湾路,汇入胶州湾,既是重要的防洪排涝通道,又具有重要的生态功能。

青岛市委市政府高度重视胶州湾保护工作,按"治海先治河,治河先治污"的思路,近年来下大力度实施环湾各流域整治。自 2009 年起,陆续对李村河分段实施综合整治。2017 年前已完成李村河上游(百果山青银高速)段约 8.4km 综合整治;基本完成了李村河下游(君峰路入海口)段约 5.6km 综合整治;2017 年进行了李村河中游(青银高速君峰路段约 3km)综合整治。整治内容主要包括截污、防洪、生态修复、蓄水、景观环境建设等,累计完成总投资约 24 亿元。经整治,切实改善了李村河水体黑臭和环境脏乱差的面貌,提升了河道沿线城市环境质量。

3.1.5.2　水体现状分析

整治前的李村河上游流经旧村较多,截污管网不完善,雨污混流突出;中游流经李村大集,面源污染、垃圾是河道污染的主要因素;下游沿线多为旧村、工厂企业,加之部分支流截污不彻底,河道水质恶化。经排查,李村河中下游沿线共发现 70 余处污水直排口,污水量约 30000t/d,河道水质超标 2～5 倍,是李村河水体黑臭的最主要原因。

3.1.5.3　治理方案

(1)贯通截污主干管,完善污水管网系统

在李村河沿线建设公称直径 1200～2000mm 截污主干管,完善李村河流域污水管道系统,使河道两岸污水主干管总输水能力达 60 万 t/d。

(2)加快李村河污水处理厂改扩建,提升污水处理能力,并同步进行上游污水处理厂建设

为配合李村河流域污染治理,2014 年,启动了李村河污水处理厂改扩建工程,处理规模由 17 万 t/a 扩容至 25 万 t/a,出水水质达到一级 A 标准,满足流域远期污水处理水质、水量要求。为优化污水处理设施布局,在上游支流河道——张村河选址建设 10 万 t/d 的污水处理厂,使流域总污水处理能力达 35 万 t/d,解决污水处理能力不足的问题。

(3)推进河道支流截污及污染点源治理

完成水清沟河、河西河、杨家群河与郑州路河等 4 条支流河道的截污及污水点源治理工作,使污水就地接入市政污水管道,减少污水直排河道约 10 万 t/d。

(4)发挥河道临时截污措施的辅助作用

针对李村河沿线污染来源复杂、沿线部分旧村近期改造困难、短期内难以彻底解决的问题,通过临时截污措施解决污水直排。在李村河下游整治范围内,建设 11km 长的"河中渠"(上游为管径 1600mm 管涵,下游为 1.8m×2m、1.8m×3m 入箱涵)和 1 万 m³ 雨水调蓄池(另外规划的 3 处调蓄池远期建设),收集点源污水、初期雨水入调蓄池;同时与李村河污水处理厂联动,在污水厂进水低峰期将调蓄池内蓄水由压力管输送至污水处理厂处理,解决河道沿线支流、暗渠等污水点源直排问题,保证旱季污水纳管,雨季收集初期雨水,控制面源污染。

(5)在河道整治中实践海绵城市理念

李村河综合治理在满足防洪排涝的基础上,研究并实践了城市生态海绵的理念,用生态驳岸、拦蓄水、滨水湿地和下沉绿地等措施渗、滞、蓄、净化雨水,将河道生态改造、城市开放空间系统整合与城市滨水用地价值提升有机结合,充分发挥河道景观作为城市生态基础设施的综合生态系统服务功能。河流串联起溪流、坑塘及洼地,形成系列蓄水池和不同承载力的净化湿地,构建了完整的雨水管理和生态净化系统。拆除混凝土河堤,重建自然河岸,昔日被水泥禁锢且污染严重的城市"排水沟"逐步恢复生机,河流自净能力大大提高。

(6)解决河道补水、蓄水问题

李村河上游结合河道地形地貌和景观设计建设多级蓄水坝,将流动的小股河水转化为动态溪流景观,补水源主要有上游水库、世园会水质净化厂(6000t/d)。在李村河下游整治

中,结合河道清淤后的河底标高及整体河道的坡向变化,建设 1 座挡潮闸、5 座橡胶坝、11 座刚性坝和 2 座刚坝闸等拦蓄水设施,在不影响行洪的前提下通过分级设坝的方法积蓄雨水,总蓄水量约 140 万 m^3,同时沿河规划建设再生水管道 11km,以李村河污水处理厂中水作为河道补给水源,实现"河流"变"河湖"。

(7)解决赶潮段海水入侵问题

青岛市环湾流域河道入海口均存在海水入侵、土壤盐碱化、生态修复困难等问题。为此,李村河下游整治工程设计在入海口处建设一座挡潮闸,共 23 孔,全长 287m,在满足防潮挡浪、防洪排涝的同时可有效拦截雨洪资源,满足生态、景观用水需求,避免海水入侵,为河道生态修复创造了良好的水环境。

3.1.5.4　修复效果评价

通过近几年的整治,李村河沿线绿化面积增加,建设绿道约 20km,形成一条贯穿岛城北部城区的重要生态景观廊道。随着河道整治增加大量的休闲建设、文化娱乐和市政公共服务设施,有力地带动了沿线 50 余平方千米的开发,为建设宜居幸福青岛发挥积极作用。

3.2　农村不达标水体综合治理

3.2.1　农村不达标水体现状及存在问题

目前,中国农村人口 5.64 亿,有 70 万个行政村,自然村数量更庞大。农村经过多年发展,其社会经济水平仍然相对滞后。农村污水排放量占全国生活污水排放总量的 25% 左右,村镇污水处理率极低(15%),未经处理的污水直接排放对农村生态环境造成严重风险。对此,党中央、国务院高度重视,对农村生活污水治理提出了明确的要求,实施了一系列专项行动计划和措施,如乡村振兴战略、农村人居环境整治三年行动等,全面推进农村污染防治工作。解决农村环境问题是"污染防治攻坚战"的主要任务之一,也是实施振兴乡村战略、保护青山绿水、建设美丽乡村的关键。

3.2.1.1　农村大量水体不达标

我国人均水资源较少,不少农村由于水污染而造成水质性缺水,加剧了我国水资源短缺的困境。农村水环境主要分布在广大农村的湖泊、池塘、河流、水库以及地下水等。在地表水国家控制监测断面中,Ⅳ~Ⅴ类和劣Ⅴ类水质的断面比例已经上升到了 24.3% 和 18.4%。在 26 个国控重点湖泊(水库)中,劣Ⅴ类水质占了总体的 34.6%,有 9 个。其中,只有 6 个满足Ⅱ类和Ⅲ类水质,而Ⅳ类水质的有 6 个,Ⅴ类水质的有 5 个。在 9 个国控重点大型淡水湖泊中,Ⅴ类和劣Ⅴ类水质各占了 4 个。目前,我国地下水的供给量占到了全国总供水量的 20%,北方一些缺水城市达到了一半多,华北和西北城市甚至达到了 70% 左右。我国地下水开采量每年以 25 亿 m^3 的速度递增。在我国大部分农村地区,主要的饮用水水源都是地下水。根据中国地质环境监测院公布的信息,对北京、上海等 8 个省(自治区、直辖市)的 641 口

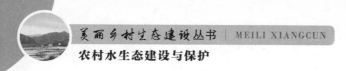
井的水质进行监测,结果显示,仅有 2.3% 的监测井达到Ⅰ~Ⅱ类水质;达到Ⅲ类水质的监测井占总数的 23.9%;达到Ⅳ~Ⅴ类水质的监测井占总数的 73.8%。

3.2.1.2 普遍缺少系统规划设计

我国疆域辽阔,各地农村地区经济水平、区位条件、聚集程度、风俗习惯差异较大,按地域社会经济特点,乡村的发展也呈现多种多样,长期以来,一直缺乏对农村发展的系统规划,"多规合一"更是处于起步阶段。目前,规划"不接地气""流于形式""蓝图看起来很美"是普遍现象,对实施的指导指引作用不突出。没有把村级发展规划尤其是公共设施规划、民舍规划与农村水环境整治科学有效地衔接起来,没有在规划设计阶段把综合整治技术路线、集中与分散程度、雨污分流、建设水平标准等关键问题合理地确定下来。

在污染源头控制方面,"散、乱"现象比较突出。民宅建筑依山、依河两岸或依村道两侧而建;生活污水大多无序排放,村民对"源头减排"参与积极性不强。绝大部分农村是事实上的合流排水;虽然部分新建民宅实现了"污废"分流,但是由于村内收集系统缺失,居民生活污水和废(油)水在建筑外基本都会合流排入村道的边沟或自然沟渠,生活污水多未经处理就近排入附近的河流或鱼塘,多数分流制或只流于形式。在收集管网建设方面,缺乏相应技术规范,农村污水管网设计、施工只能参照市政排水规范进行,"杀鸡用牛刀"的结果经常导致投资过大、资源浪费、技术不接地气。缺少收集与分散处理的实施具体技术指南,对投资规模、考核评估影响很大。管网布置实施难,主要在管网用地、管网路由、打通最后 10m 入户管联网 3 个环节上,建设施工实施推进难。村道不规整,巷道狭窄施工作业面小,农村房屋基础较差可能存在一定施工风险,因此,管网开挖深度和施工方式受限非常多;村民"阻工""绕道"现象时有发生。

3.2.1.3 水污染控制和环境管理措施滞后

(1)缺乏全国指导性的农村生活污水处理排放标准

我国农村环保水污染防治工作情况复杂、基础差、底子薄、起步晚,各地差异化明显。对于是否有必要制定国家标准的问题上一直有争议,各地方标准工作也普遍滞后。在住建部、生态环境部于 2018 年 9 月 29 日联合下发了《关于加快制定地方农村生活污水处理排放标准的通知》后,各省市加快了农村污水排放标准的制定,目前已有 28 个省市正式颁布或发布了征求意见稿。从长远来看,为了进一步指导各省标准制定,统一环境监管尺度,加强全国层面的污染控制,制定农村生活污水国家排放标准是十分必要的。

(2)缺乏农村污水处理最佳适用技术(BAT)平台

目前,农村污水处理工艺技术和设备多种多样,缺乏统一的评估认证标准和最佳适用技术指南,导致不少地方的农村水污染治理工作存在"工艺技术选择难、工程方案确定难"的问题,如在广东、广西、江苏等地调研发现存在同一地域不同承包商采用不同工艺或是同一承包商采用一种工艺"打遍天下"的情况。

（3）缺少统一的运营考核、绩效评估标准

农村环境污染控制设施建设数量巨大,运营模式多样,没有建立统一的运营和绩效评估标准规范,导致监管部门手中无"标尺"监管困难,尤其对于采用 PPP 模式建设的农村污水处理项目,这个问题尤为突出。

3.2.1.4　污水处理工艺、设备存在片面性

尽管《三年行动方案》提出了"根据农村不同区位条件,因地制宜采用污染治理与资源利用相结合、集中与分散相结合的建设模式和处理工艺,积极推广低成本、低能耗、易维护、高效率的污水处理技术,鼓励采用生态处理工艺"的总体要求。但是"因地制宜"4 个字如何做好,难度很大。大多数 PPP 项目、整县 EPC 项目普遍存在处理工艺针对性不强,没有考虑农村生活污水的产排污特性和受纳环境要素特点等问题;一体化设备质量存在标准模糊、稳定运行可靠性较差、造价偏高等问题;不少地方的"生态处理工艺"因陋就简,"一体化设备"运行管理复杂,其结果往往最终沦为"晒太阳工程"。

3.2.1.5　建设资金缺口大、运管长效机制不健全

农村生活污水治理设施属于农村基础设施,其建设、运营、维护以及监管均需要长期持续地投入大量的公共财政资金。主要问题是:①目前应用最多的两种建设模式是县级财政统管 EPC 模式、PPP 模式。无论哪种模式,其实质都是政府"兜底包干"。这对于经济相对欠发达的地区,压力非常大。②各省普遍存在建设资金保障力度不足、运营资金来源较少。PPP 模式由于农村项目边界条件、付费机制等问题对资本的吸引力越来越小。绝大多数村镇经济基础较薄弱,治理设施后期运营维护资金难以得到有效保障。③农村生活污水处理工程普遍存在着重建设、轻管理的倾向,运行维护管理和监管机制不健全的问题十分突出,设施运行维护和管理水平较低,处于"零管理""晒太阳"的情况也屡见不鲜。

3.2.2　农村水环境综合治理思路与目标

3.2.2.1　农村水环境综合治理思路

（1）人水和谐绿色发展

坚持人与自然和谐共生,把水资源作为最大的刚性约束,严格控制河湖开发强度,维系河湖生态系统功能,推动形成绿色发展方式和生活方式。

（2）合理统筹三生用水

根据流域水资源条件和生态保护需求,统筹生活、生产和生态用水配置,因地制宜,科学合理确定生态流量目标。

（3）分区分类分步推进

针对河湖自然状况、生态功能、保护需求和开发现状,以问题为导向,统筹需要与可能、近期与远期,分类施策,有序推进河湖生态流量保障工作。

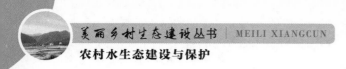

（4）落实责任严格监管

建立健全生态流量保障责任体系，严格实施监管、强化监督考核，做到目标明确、监管到位，确保河湖生态流量保障工作落到实处。

3.2.2.2 农村水环境综合治理目标

第一阶段，全面启动农村水环境治理，明显改善农村河湖"脏乱差"面貌，推进美丽宜居乡村建设。

第二阶段，通过开展垃圾、污水、厕所"三大革命"，提高农村生活垃圾处理及农村面源污染治理能力，有效实现水环境污染源头减量，农村水环境质量明显改善。

第三阶段，农村河湖管理、垃圾处理、污水治理、面源污染治理等长效机制建立，建成河畅、水清、岸绿、景美的宜居乡村。

3.2.3 农村水环境综合治理技术

3.2.3.1 人工湿地

人工湿地是由人工建造和控制运行的与沼泽地类似的地面，将污水、污泥有控制的投配到经人工建造的湿地上，污水与污泥在沿一定方向流动的过程中，主要利用土壤、人工介质、植物、微生物的物理、化学、生物三重协同作用，对污水、污泥进行处理的一种技术。主要原理是在人工湿地系统成熟后，其中的水生植物和填料上积累繁殖的大量微生物能够将水体中的有机质阻留，在生物膜吸附和同化作用后，对污染物达到一个较为良好的去除效果。植物根系在这个过程中与外界进行了氧气传递和释放，在人工湿地系统中，好氧状态、厌氧状态、缺氧状态三种状态并存，对废水中的植物和微生物的氮、磷进行一个补充。同时，污水中多余的氮、磷可通过硝化一反硝化的方式间接除去。人工湿地具有低投入、操作管理简单、运行维护方便等特点，非常适用于没有完善的污水管网系统的乡镇。

3.2.3.2 土地渗滤处理技术

土地渗滤在过去的农村污水处理工艺中非常常见，利用土壤中各个组分的共同作用，如吸附、沉淀、络合等，让水体中的污染物得到净化，其中部分氮、磷元素作为补充，得以重新在系统中利用。土壤渗滤系统具有不会因为外界温度的变动而降低处理效率、建设成本较低、人力成本较低、可处理多种不同类型的废水、可经受高负荷的冲击、废水回用等特点。但由于土壤渗滤系统中大量使用黏土，使得土壤对污染物的吸附性会导致土壤的渗透性下降，随着时间延长，造成土壤堵塞，但土壤渗透技术仍然在我国有非常大的使用前景和应用模式。

3.2.3.3 稳定塘

稳定塘又称生物塘或氧化塘，即采用人工将土地进行修整和改建，建设一个具有防渗层的污水池塘。在污水处理塘中，充分利用有机物沉降和吸附、微生物的降解和过滤等操作，同时通过稳定塘中藻类的代谢作用,将污水中的有机物去除。这种处理技术对五日生化需氧量的处理效果在 80% 以上;水体中的氮通过硝化、氨气挥发、水生植物吸收这三个过程得到去除。稳定塘的主要优点是造价低,不需要大量能耗支撑,能够将污水直接回收再利用,实现资源化,充分利用水资源,在处理过程中不产生污泥。

3.2.3.4　厌氧消化

厌氧消化又称厌氧生物处理或厌氧发酵,在厌氧的环境下利用厌氧微生物对有机物进行分解,最终形成甲烷与水。农村地区秸秆稻草和人畜粪便量较大,因此很好地解决了原料问题,实现废物再利用。处理工艺清洁高效,不需要借助外界动力,并且能够形成非常可观的沼气资源。

3.2.3.5　生物滤池

生物滤池主要是利用滤料和石块,使用人工形成生物的处理系统,借助污水与填料的间隙达到污水净化的目的。颗粒粒径较大的污染物通过人工填料去除,溶解性强的污染物通过微生物膜间隙降解。该方法的主要优点是占地面积不大,整体结构简单,能够实现自动化控制,稳定性较强。

3.2.3.6　养殖污染控制

在农村,养殖污染废水是影响农村水环境的一项重要因素,尤其是在近年来我国农村地区养殖产业不断发展的情况下更是如此。在该种情况下,需要积极改进养殖工艺,在做好粪便资源化利用的基础上更好地保护农村水环境。从养殖条件方面改进是一个重要方向,做好少污水、少排放,禽畜圈舍的建立即能够从源头使养殖污水排放量减少。如在猪舍中对有机厚垫料进行铺设,能够对养殖中产生的污水进行吸收,将液体废弃物实现对固体的转化,以此对养殖生产当中的零排放、少排放目标进行实现。该方式在实际应用中,具有运行成本低、投资成本低、运行能耗低的优势,且铺设的垫料通常为稻草、秸秆等,都是农村地区中简单易得的材料。在堆肥后,则能够施加在农田中,有效地避免了秸秆燃烧等行为对环境所产生的破坏。又如土壤菌发酵也是一种行之有效的养殖技术,在该工艺中对土壤中的有益微生物进行应用,在经过采集培养后对微生物母种进行制作,之后按照一定比例将母种制作成有机垫料,在发酵床中养殖。在实际应用中,猪的粪便则会被垫料微生物分解转化,能够始终保证猪舍当中具有干燥的特点,以此对污水的少排放目标进行实现。

3.2.3.7　生物生态修复

对于农村地区当中已经受到严重污染的水体,则需要通过必要技术手段的应用治理水体。在实际处理中,生物生态修复可以说是适合农村环境的水处理方式。在该技术实际应用中,将自然当中的人工湿地、天然滩涂以及自然湿地作为处理设施进行应用,通过水生生物生命活动对污水中的营养物质、有机物进行消耗、转化以及降解处理,以此对水体起到较好的净化效果。其实质,即是根据自然规律以及仿生学原理,对自然所具有的自净以及恢复能力进行强化,修复生态环境。在该技术实际应用中,能够充分结合环境的绿化美化,对人与自然和谐共处的环境进行获得。如在韩国的生态修复工程中,即通过卵石接触氧化方式的应用对河水进行净化,应用芦苇、石块以及柳树材料护岸,对水生植物进行种植,在对当地生物气息环境进行恢复的情况下也获得了好的生态环境。

3.2.3.8 地表径流拦截

在农业生产过程中,也将会对环境造成一定的损害,且具有面源污染特征。对于该问题,应用人工湿地技术进行处理可以说是行之有效的一种方式。对于人工湿地来说,其即是水塘同农田间存在的过渡带,通过植物吸收、生物降解以及土壤吸附作用的应用,能够对地表水氮磷化合物进行减少。同时,能够将低洼废弃耕地实现对人工湿地的改造,对具有高效、经济以及适应性特点的湿地生物进行种植,不仅能够对水质进行有效的净化,且能够对当地生态系统的多样性进行增加。如在湿地蓄水系统中,即可以将地表坡地漫流以及排水引导到人工湿地当中,在蓄水池中储存湿地出水,应用在农田的灌溉当中。对于该系统而言,也具有封闭特征的系统,能够循环利用农田在农业生产当中产生的污染物质,最终对相关污染物的零排放目标进行实现。同时,可以在农田的周边、田埂位置建立生态隔离带,有效防止可能存在的水土流失。

3.2.3.9 生态循环技术

在污水净化中应用多种技术,在形成食物链的基础上实现相关能量物质的循环利用。在该技术中,其包括有以下两个方面的内容。

(1)结合生态农业经济

在该方式中,即同生态农业进行循环应用。水生植物滤床即是该方面的主要技术,整个床体不具有填料,污水中营养物质以及有机物能够提供物质保障微生物以及水生植物的生长,通过生物堆肥发酵对高效有机肥进行转化。

(2)结合环境修复

在该方式中,即将生物生态组合技术进行应用,在污水处理系统中融入农村环境。如可以对人工复合生态床以及人工湿地结合的系统进行利用,以此实现农村污水处理,通过本地区水生植物的充分应用做好水质净化,做好周边自然环境的修复。同时,可以将生态景观设计融入其中,对生态塘、湿地等多种水生植物进行应用,使其在景观价值方面具有更好的表现。

3.2.4 农村水环境治理案例

3.2.4.1 北京农村水环境治理工程案例

(1)大兴庄镇水系分布(图3-1)

该项目34个村庄分别位于洳河上段渔业水源区(Ⅲ类)、洳河下段农业水源区(Ⅴ类)、沟河上段工业水源区（Ⅳ类）、沟河下段农业水源区（Ⅴ类）。

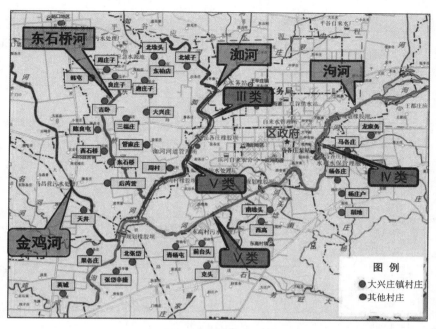

图 3-1　水系分布

（2）镇级污水处理厂分布（图 3-2）

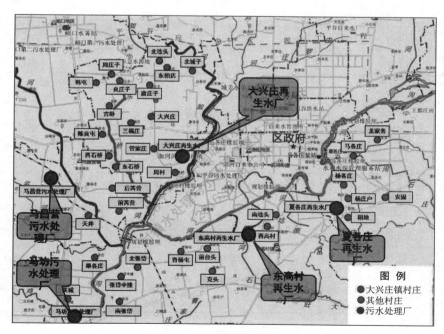

图 3-2　镇级污水处理厂分布

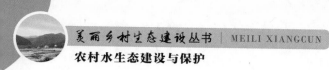

（3）总体情况简介（表3-1、表3-2）

表3-1　　　　　　　　　　　大兴庄镇水环境治理工程总体情况一览表

序号	村庄名称	设计人口（万）	设计污水量（m³/d）	处理站数量（座）	工程费用（万元）
1	大兴庄	1300	116	1	1261
2	北城子	1750	136	3	939
3	东柏店	598	46	1	692
4	北埝头	1236	96	1	1308
5	唐庄子	760	59	1	767
6	周庄子	570	44	1	564
7	韩屯	1376	107	3	750
8	吉卧	745	58	1	623
9	良庄子	520	40	1	275
10	三府庄	938	73	1	1079
11	陈良屯	445	35	1	526
12	西石桥	682	53	2	901
13	东石桥	319	25	1	263
14	管家庄	1600	124	1	721
15	周村	2900	225	2	1266
16	合计	15739	1237	21	11935

表3-2　　　　　　　　　　　大兴庄镇排水管网建设一览表

序号	项目	规格	单位	数量
1	新建排污沟	250×300～5000×4000	（m）	32920.1
2	新建截污管及合流管	DN300～700	（m）	10865.2
3	新建胡同管	DN200	（m）	10965.8
4	新建接户管	DN100	（m）	25860.0
5	拆除管沟	300×400～1500×1500/DN200～400	（m）	16902.6
6	道路恢复	混凝土路面	（m²）	74616.03
7		利强路面		1470.75

（4）设计标准及参数

综合生活排水定额：72L/（人·d）。

水质标准：《水污染物综合排放标准》（DB 11/307—2013），见表 3-3。

表 3-3　　　　　　　　　　　《水污染物综合排放标准》（DB 11/307—2013）

项目	化学需氧量（mg/L）	五日生化需氧量（mg/L）	固体悬浮物（mg/L）	总磷（mg/L）	氨氮（mg/L）
进水水质	250	100	200	2	15
出水水质	30	6	5	0.3	1.5
	40	10	10	0.4	5

雨水重现期：$P=1$ 年，截流倍数：$n_0=2\sim5$。

（5）大兴庄排水系统现状（图 3-3）

现况排水系统：3 个分别向南接入顺平路边沟。

图 3-3　排水系统现状

（6）大兴庄排水设施现状（图3-4）

图3-4　排水设施现状

（7）主要工程量（图3-5）

新（改）建 DN300～1000mm 排水管（沟）4343m；现况边沟加盖板 169m；新建 DN400mm 截污管 431m；新建 DN200mm 胡同支管 3421m；新建 DN100mm 接户管 2150m；新建人工湿地一座，面积为 1564m²。

图3-5　主要工程量

人工湿地设置远程监控,主要监控污水流量和用电量,并监控设备故障。现场采集数据,通过无线传输,传送至水务局监控中心平台。

(8)排水总体现状(表 3-4)

表 3-4 排水总体现状

序号	村名	排水现状
1	安固	无排水设施
2	龙家务	无排水设施
3	稻地	无排水设施
4	马各庄	主要街道有现况合流管沟,近年边沟已改造加设盖板
5	杨各庄	主要街道有合流边沟,部分胡同有污水管
6	杨庄户	有雨污分流系统,雨水沟+污水管,污水管破损淤堵严重,有现况污水处理站 1 座,已废弃

(9)主要治理措施

安固、稻地、杨各庄、杨庄户采用镇带村排水模式,污水排入夏各庄再生水厂配套污水管。龙家务、马各庄采用不完全分流制,村内新建污水管网。现况排水边沟进行修缮。

3.2.4.2 湖南省长沙县 18 个乡镇污水处理设施全覆盖工程案例

(1)项目名称

湖南省长沙县 18 个乡镇污水处理设施全覆盖工程。

(2)项目概况

湖南省长沙县 18 个乡镇污水处理设施全覆盖工程是湖南省长沙市环境保护三年行动计划的标志工程之一,也是长沙县社会主义新农村建设的重点工程(图 3-6)。该工程包括"16+2"个乡镇污水处理厂,具体是指长沙县 16 个乡镇污水处理厂的投资、建设、运营(BOT)和管网等配套建设工程的建设、移交(BT),以及原有的 2 个污水处理厂的托管运营(OM),总设计规模达 3.44 万 m^3/d。项目采用 BOT 模式,特许经营年限 30 年,采用 SMART-HRBC 高效生物转盘工艺技术,出水水质执行《城镇污水处理厂污染物排放标准》(GB 18918—2002)一级 B 标准。

图 3-6 长沙县黄花镇污水处理厂现场

（3）项目工艺流程及技术路线

项目采用的工艺流程见图 3-7。

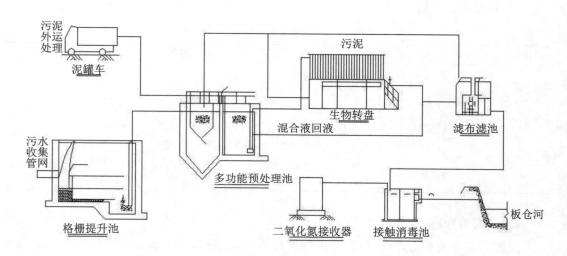

图 3-7　长沙县某分水厂工艺流程

"生物转盘＋滤布滤池"是该项目的主体工艺,污水经管网收集后首先通过格栅等预处理设施,以拦截较大的颗粒及悬浮物,为后续处理构筑物的稳定运行创造有利条件,然后经多功能预处理池进行沉淀、水质水量的调节等预处理,再提升至高效生物转盘进行生化处理。生物转盘出水再经过滤布滤池进行快速过滤,去除悬浮物后自流至消毒池消毒,最终达标排放。

（4）项目实际运行效果及运行成本

1）项目实际运行效果。湖南省长沙县 18 个乡镇污水处理项目自 2011 年建设,2012 年全面投入运营,至今已运行近 9 年。连续近 21 个月（近 600 天）对某厂的水质指标进行监测,各污染物进出水日平均浓度见表 3-5。从表 3-5 中可以看出,出水化学需氧量、氨氮、固体悬浮物等污染指标均可达到《城镇污水处理厂污染物排放标准》(GB 18918—2002)一级 B 排放标准,实现达标排放。目前,该项目一级 B 的排放标准已不能满足环境容量要求,下一步该项目将进行提标改造,排放标准提升至《城镇污水处理厂污染物排放标准》(GB 18918—2002)一级 A 的排放标准。

表 3-5　　　　　　　　　　　　　长沙县某分水厂运行效果

（单位:mg/L）

项目	化学需氧量	氨氮	固体悬浮物
进水	105.8	8.5	63.0
出水	45.5	4.8	18.5

2）项目实际运行成本。该乡镇打捆项目自建成并投入使用以来,一直基本保持正常运

行,运行费用约为 1 元/m³,主要包括人工费、电费、药剂费等费用。该项目的建成及投入使用,大大改善了所服务区域的水环境质量,大力提升了居民的生活质量。

3.3　农村水体生态保护

3.3.1　涉水保护区存在的问题

20 世纪 80 年代以来,我国已经认识到自然保护区带来的好处,我国自然保护区的国土面积比例(近 15%)虽然超过了世界 12% 的平均水平,但我国自然保护区存在着追求数量而忽视质量的问题,尽管自然保护区的面积和个数都持续增长,但是事实上自然保护区内生物多样性的丧失还在继续。

3.3.1.1　保护效益不足

对于自然保护区而言,高保护效益是指避免生物多样性丧失和维持生态系统内外稳定。我国自然保护区的面积和个数虽然逐年增加,但保护效益并没有随之增加,生物多样性减少和生态环境恶化的趋势仍未得到有效改善。原因包括:我国自然保护区分布不均匀,发展不均匀,规划与国家的土地利用规划和经济发展项目缺乏衔接,管理和资金机制与其所创造的效益间没有良好对接等。

3.3.1.2　设置不合理

自然保护区设置的最根本目的是为保护生物多样性,发挥生态系统服务的功能,避免生物多样性丧失,维护生态系统稳定。我国目前的保护系统设置并不能满足生物多样性保护的需求。

(1)国家级自然保护区比重大

保护区的级别越高,获得地方或国家的支持越大。我国 15.68% 的自然保护区为国家级,占总保护区面积的 65.66%。这样的占比已经降低了国家级自然保护区的重要程度,同时导致国家级自然保护区管理资源的相对缺乏。

(2)人口密集区自然保护区少

在山东、河南、湖北等地,人口众多,急需人工手段缓解人类活动的环境压力,但至今,这些高人口密度地区自然保护区的覆盖率仍较低。各省份的保护区总面积甚至和人口总数呈负相关。以湖北省为例,总自然保护区仅有 65 个,近 9600km²,仅占全省总面积的 5.13%,远低于全国水平近 15% 的保护水平,但人口密度达 310 人/km²,远高于我国人口平均密度 140 人/km²,人类活动的环境负荷大,而自然保护区划定的个数又较少,加剧了生态环境受人为活动的影响程度。而对于人口密度较小的区域,多为少数民族生活区。我国民族自治地方少数民族人口有 8813.76 万,主要是壮族、回族、满族、维吾尔族、苗族、彝族、土家族、藏族、蒙古族,人数达 8672.8 万,是少数民族总人口的 98.4%,仅占同年我国总人口的 6.5%。

这些少数民族长期主要生活的地方有 1115 个自然保护区,总面积达 $1181104km^2$,占我国自然保护区面积的 78.7% ,即少数民族人均自然保护区面积有 $0.013km^2$,人均自然保护区面积是非少数民族人均自然保护区面积的 54 倍。

3.3.1.3　经济活动

（1）管理与开发

许多自然保护区仍采用老式管理模式,如圈养繁殖、人工喂养等,这些措施很多是借鉴了 50 年前欧洲和北美的实践标准,但现在已经不适合自然保护区的生物多样性和生态服务功能的保护。事实上,很多保护区都是名义上保护,实际上被大量开发。

（2）保护区与当地居民的冲突

自然保护区的划定会对当地居民的生活方式造成巨大冲击,被迁出的生态移民缺乏工作机会等,普遍感觉入不敷出。大多数生物多样性丰富的地区是边远落后地区,教育程度不高及物质条件的落后使当地居民常认识不到自然保护区的生态重要性。事实上,当地居民自然保护区虽然对整体来说是重要的规划,但对当地居民或保护区附近的居民往往要牺牲自己的利益,包括失去在保护区内的经济发展机会。自然保护区管理机构虽会聘请专业人士进行管理工作,但由于其多不了解当地情况,保护工作常难以发挥最大效益。

3.3.1.4　依法保护意识不强

涉水保护区自设立以来,由于缺少保护区界碑和宣传碑牌等设施,保护区内捕鱼、挖沙等现象时有发生,对区域内保护物种带来了较为严重的危害。

3.3.1.5　涉水保护区基础设施薄弱

虽然地方人民政府对湿地保护区建设给予了资金支持,但是由于很多保护区底子薄,保护管理强度大,其基础设施仍显不足,办公条件差,设备缺乏,很多管护、科研及宣传工作难以长期坚持。尽快完善和更新涉水保护区基础设施设备是涉水保护区进一步建设的当务之急。

3.3.1.6　科研监测能力亟待加强

由于科技力量薄弱,一些必要的科研监测无法开展,迫切需要引进高级专业人才,配备科研设备,加强与周边及省内、全国科研、教学单位的合作。通过引进、派出等多种方式开展业务、技能培训,全面提高涉水自然保护区各类人员业务素质和专业水平。

3.3.1.7　管理面

由于大部分的涉水自然保护区涉及的范围广,牵扯的部门多,在管理上还存在管理能力有限、人员不足、人员素质偏低、日常运行经费不足、行政级别低、交涉水平有限、执法能力弱等问题。

3.3.1.8　污染治理

随着流域经济的发展,人类生活、生产用水排污强度增大,导致水体富营养化程度增加。对涉水自然保护区来说,削减水体营养负荷或营养积累,是治本的措施。对于目前还没有水体富营养化现象的涉水自然保护区,要高度重视,应有相应的对策。

3.3.2　涉水保护区生态修复与保护措施

3.3.2.1　提升公民意识和企业规范度

对于湿地保护措施,首先,要加强公民意识,增强对湿地保护和环境保护的意识,在生活中合理地运用水资源并分类整理生活垃圾。同时政府要加强相关的宣传,采取各种渠道,对保护湿地环境进行宣传,使得居民有强烈的保护湿地的意识。企业应开展相关的保护湿地的措施,在处理工业废水和工业垃圾时应当注意合理排放,而不能只看到眼前的利益。国家需要出台一些相关的法律法规,对不自觉维护环境的单位及个人进行一定的处罚,让大家意识到国家对于环境保护的重视,加强对保护湿地行为的监督和管理,加强对企业的监督,对于保护湿地的个人单位或者企业工厂给予一定的奖励,让更多人能够效仿他们,从实际出发,保护环境。另外,一些相关的部门需要对湿地进行检测,如定期对某地区的水质或是周边土壤及生态的多样性进行全面检查,了解湿地的污染程度,从而更好地保护环境。

3.3.2.2　建立和健全相关的保护机制

保护和管理是保护湿地自然保护区的重点工作。从重视管理和完善法律体系入手保护环境,制定相关的文件方案,并进一步加以落实。另外,需要保护、防火等部门相关工作人员进行培训,认真落实和展开保护湿地自然保护措施,使得保护措施的工作规范化、专业化。对于相关的突发事件,要求有关单位有一定的应急能力;对于季节的变化,工作重心有相应调整,将工作执行力度和执行效果作为他们的考核标准,提升这些相关的保护人员的积极性。

3.3.2.3　建立健全相关的科研机制

应当加强科研监测机制的工作,使得在湿地保护的过程中能够更加规范和正确地对待湿地保护工作,同时可以与国内外相关科研院校进行合作,建立友好的关系,如与大学及科研院所进行合作,建立相关的生态点,对当地的生态环境进行调查,对某地区湿地环境的生态系统鱼类、鸟类进行调查,了解当地的湿地环境和生态系统的平衡度,进行分析上报给国家或当地的生态保护机构。另外,工作人员应当开展相关的生态环境保护的研究和讨论探讨如何更加精准地开展工作,写报告论文,为其他的工作人员或者其他有需要的人员提供参考,从另一方面来讲也是推动了科研发展。

3.3.3 《中华人民共和国自然保护区条例》

第一章 总则

第一条 为了加强自然保护区的建设和管理,保护自然环境和自然资源,制定本条例。

第二条 本条例所称自然保护区,是指对有代表性的自然生态系统、珍稀濒危野生动植物物种的天然集中分布区、有特殊意义的自然遗迹等保护对象所在的陆地、陆地水体或者海域,依法划出一定面积予以特殊保护和管理的区域。

第三条 凡在中华人民共和国领域和中华人民共和国管辖的其他海域内建设和管理自然保护区,必须遵守本条例。

第四条 国家采取有利于发展自然保护区的经济、技术政策和措施,将自然保护区的发展规划纳入国民经济和社会发展计划。

第五条 建设和管理自然保护区,应当妥善处理与当地经济建设和居民生产、生活的关系。

第六条 自然保护区管理机构或者其行政主管部门可以接受国内外组织和个人的捐赠,用于自然保护区的建设和管理。

第七条 县级以上人民政府应当加强对自然保护区工作的领导。

一切单位和个人都有保护自然保护区内自然环境和自然资源的义务,并有权对破坏、侵占自然保护区的单位和个人进行检举、控告。

第八条 国家对自然保护区实行综合管理与分部门管理相结合的管理体制。

国务院环境保护行政主管部门负责全国自然保护区的综合管理。

国务院林业、农业、地质矿产、水利、海洋等有关行政主管部门在各自的职责范围内,主管有关的自然保护区。

县级以上地方人民政府负责自然保护区管理的部门的设置和职责,由省、自治区、直辖市人民政府根据当地具体情况确定。

第九条 对建设、管理自然保护区以及在有关的科学研究中作出显著成绩的单位和个人,由人民政府给予奖励。

第二章 自然保护区的建设

第十条 凡具有下列条件之一的,应当建立自然保护区:

(一)典型的自然地理区域、有代表性的自然生态系统区域以及已经遭受破坏但经保护能够恢复的同类自然生态系统区域;

(二)珍稀、濒危野生动植物物种的天然集中分布区域;

(三)具有特殊保护价值的海域、海岸、岛屿、湿地、内陆水域、森林、草原和荒漠;

(四)具有重大科学文化价值的地质构造、著名溶洞、化石分布区、冰川、火山、温泉等自然遗迹;

（五）经国务院或者省、自治区、直辖市人民政府批准，需要予以特殊保护的其他自然区域。

第十一条　自然保护区分为国家级自然保护区和地方级自然保护区。

在国内外有典型意义、在科学上有重大国际影响或者有特殊科学研究价值的自然保护区，列为国家级自然保护区。

除列为国家级自然保护区的外，其他具有典型意义或者重要科学研究价值的自然保护区列为地方级自然保护区。地方级自然保护区可以分级管理，具体办法由国务院有关自然保护区行政主管部门或者省、自治区、直辖市人民政府根据实际情况规定，报国务院环境保护行政主管部门备案。

第十二条　国家级自然保护区的建立，由自然保护区所在的省、自治区、直辖市人民政府或者国务院有关自然保护区行政主管部门提出申请，经国家级自然保护区评审委员会评审后，由国务院环境保护行政主管部门进行协调并提出审批建议，报国务院批准。

地方级自然保护区的建立，由自然保护区所在的县、自治县、市、自治州人民政府或者省、自治区、直辖市人民政府有关自然保护区行政主管部门提出申请，经地方级自然保护区评审委员会评审后，由省、自治区、直辖市人民政府环境保护行政主管部门进行协调并提出审批建议，报省、自治区、直辖市人民政府批准，并报国务院环境保护行政主管部门和国务院有关自然保护区行政主管部门备案。

跨两个以上行政区域的自然保护区的建立，由有关行政区域的人民政府协商一致后提出申请，并按照前两款规定的程序审批。

建立海上自然保护区，须经国务院批准。

第十三条　申请建立自然保护区，应当按照国家有关规定填报建立自然保护区申报书。

第十四条　自然保护区的范围和界线由批准建立自然保护区的人民政府确定，并标明区界，予以公告。

确定自然保护区的范围和界线，应当兼顾保护对象的完整性和适度性，以及当地经济建设和居民生产、生活的需要。

第十五条　自然保护区的撤销及其性质、范围、界线的调整或者改变，应当经原批准建立自然保护区的人民政府批准。

任何单位和个人，不得擅自移动自然保护区的界标。

第十六条　自然保护区按照下列方法命名：

国家级自然保护区：自然保护区所在地地名加"国家级自然保护区"。

地方级自然保护区：自然保护区所在地地名加"地方级自然保护区"。

有特殊保护对象的自然保护区，可以在自然保护区所在地地名后加特殊保护对象的名称。

第十七条　国务院环境保护行政主管部门应当会同国务院有关自然保护区行政主管部

门,在对全国自然环境和自然资源状况进行调查和评价的基础上,拟订国家自然保护区发展规划,经国务院计划部门综合平衡后,报国务院批准实施。

自然保护区管理机构或者该自然保护区行政主管部门应当组织编制自然保护区的建设规划,按照规定的程序纳入国家的、地方的或者部门的投资计划,并组织实施。

第十八条 自然保护区可以分为核心区、缓冲区和实验区。

自然保护区内保存完好的天然状态的生态系统以及珍稀、濒危动植物的集中分布地,应当划为核心区,禁止任何单位和个人进入;除依照本条例第二十七条的规定经批准外,也不允许进入从事科学研究活动。

核心区外围可以划定一定面积的缓冲区,只准进入从事科学研究观测活动。

缓冲区外围划为实验区,可以进入从事科学试验、教学实习、参观考察、旅游以及驯化、繁殖珍稀、濒危野生动植物等活动。

原批准建立自然保护区的人民政府认为必要时,可以在自然保护区的外围划定一定面积的外围保护地带。

第三章 自然保护区的管理

第十九条 全国自然保护区管理的技术规范和标准,由国务院环境保护行政主管部门组织国务院有关自然保护区行政主管部门制定。

国务院有关自然保护区行政主管部门可以按照职责分工,制定有关类型自然保护区管理的技术规范,报国务院环境保护行政主管部门备案。

第二十条 县级以上人民政府环境保护行政主管部门有权对本行政区域内各类自然保护区的管理进行监督检查;县级以上人民政府有关自然保护区行政主管部门有权对其主管的自然保护区的管理进行监督检查。被检查的单位应当如实反映情况,提供必要的资料。检查者应当为被检查的单位保守技术秘密和业务秘密。

第二十一条 国家级自然保护区,由其所在地的省、自治区、直辖市人民政府有关自然保护区行政主管部门或者国务院有关自然保护区行政主管部门管理。地方级自然保护区,由其所在地的县级以上地方人民政府有关自然保护区行政主管部门管理。

有关自然保护区行政主管部门应当在自然保护区内设立专门的管理机构,配备专业技术人员,负责自然保护区的具体管理工作。

第二十二条 自然保护区管理机构的主要职责是:

(一)贯彻执行国家有关自然保护的法律、法规和方针、政策;

(二)制定自然保护区的各项管理制度,统一管理自然保护区;

(三)调查自然资源并建立档案,组织环境监测,保护自然保护区内的自然环境和自然资源;

(四)组织或者协助有关部门开展自然保护区的科学研究工作;

(五)进行自然保护的宣传教育;

（六）在不影响保护自然保护区的自然环境和自然资源的前提下，组织开展参观、旅游等活动。

第二十三条　管理自然保护区所需经费，由自然保护区所在地的县级以上地方人民政府安排。国家对国家级自然保护区的管理，给予适当的资金补助。

第二十四条　自然保护区所在地的公安机关，可以根据需要在自然保护区设置公安派出机构，维护自然保护区内的治安秩序。

第二十五条　在自然保护区内的单位、居民和经批准进入自然保护区的人员，必须遵守自然保护区的各项管理制度，接受自然保护区管理机构的管理。

第二十六条　禁止在自然保护区内进行砍伐、放牧、狩猎、捕捞、采药、开垦、烧荒、开矿、采石、挖沙等活动；但是，法律、行政法规另有规定的除外。

第二十七条　禁止任何人进入自然保护区的核心区。因科学研究的需要，必须进入核心区从事科学研究观测、调查活动的，应当事先向自然保护区管理机构提交申请和活动计划，并经自然保护区管理机构批准；其中，进入国家级自然保护区核心区的，应当经省、自治区、直辖市人民政府有关自然保护区行政主管部门批准。

自然保护区核心区内原有居民确有必要迁出的，由自然保护区所在地的地方人民政府予以妥善安置。

第二十八条　禁止在自然保护区的缓冲区开展旅游和生产经营活动。因教学科研的目的，需要进入自然保护区的缓冲区从事非破坏性的科学研究、教学实习和标本采集活动的，应当事先向自然保护区管理机构提交申请和活动计划，经自然保护区管理机构批准。

从事前款活动的单位和个人，应当将其活动成果的副本提交自然保护区管理机构。

第二十九条　在自然保护区的实验区内开展参观、旅游活动的，由自然保护区管理机构编制方案，方案应当符合自然保护区管理目标。

在自然保护区组织参观、旅游活动的，应当严格按照前款规定的方案进行，并加强管理；进入自然保护区参观、旅游的单位和个人，应当服从自然保护区管理机构的管理。

严禁开设与自然保护区保护方向不一致的参观、旅游项目。

第三十条　自然保护区的内部未分区的，依照本条例有关核心区和缓冲区的规定管理。

第三十一条　外国人进入自然保护区，应当事先向自然保护区管理机构提交活动计划，并经自然保护区管理机构批准；其中，进入国家级自然保护区的，应当经省、自治区、直辖市环境保护、海洋、渔业等有关自然保护区行政主管部门按照各自职责批准。

进入自然保护区的外国人，应当遵守有关自然保护区的法律、法规和规定，未经批准，不得在自然保护区内从事采集标本等活动。

第三十二条　在自然保护区的核心区和缓冲区内，不得建设任何生产设施。在自然保护区的实验区内，不得建设污染环境、破坏资源或者景观的生产设施；建设其他项目，其污染物排放不得超过国家和地方规定的污染物排放标准。在自然保护区的实验区内已经建成的设施,其污染物排放超过国家和地方规定的排放标准的,应当限期治理;造成损害的,必须采取补救措施。

在自然保护区的外围保护地带建设的项目,不得损害自然保护区内的环境质量;已造成损害的,应当限期治理。

限期治理决定由法律、法规规定的机关作出,被限期治理的企业事业单位必须按期完成治理任务。

第三十三条 因发生事故或者其他突然性事件,造成或者可能造成自然保护区污染或者破坏的单位和个人,必须立即采取措施处理,及时通报可能受到危害的单位和居民,并向自然保护区管理机构、当地环境保护行政主管部门和自然保护区行政主管部门报告,接受调查处理。

第四章 法律责任

第三十四条 违反本条例规定,有下列行为之一的单位和个人,由自然保护区管理机构责令其改正,并可以根据不同情节处以 100 元以上 5000 元以下的罚款:

(一)擅自移动或者破坏自然保护区界标的;

(二)未经批准进入自然保护区或者在自然保护区内不服从管理机构管理的;

(三)经批准在自然保护区的缓冲区内从事科学研究、教学实习和标本采集的单位和个人,不向自然保护区管理机构提交活动成果副本的。

第三十五条 违反本条例规定,在自然保护区进行砍伐、放牧、狩猎、捕捞、采药、开垦、烧荒、开矿、采石、挖沙等活动的单位和个人,除可以依照有关法律、行政法规规定给予处罚的以外,由县级以上人民政府有关自然保护区行政主管部门或者其授权的自然保护区管理机构没收违法所得,责令停止违法行为,限期恢复原状或者采取其他补救措施;对自然保护区造成破坏的,可以处以 300 元以上 10000 元以下的罚款。

第三十六条 自然保护区管理机构违反本条例规定,拒绝环境保护行政主管部门或者有关自然保护区行政主管部门监督检查,或者在被检查时弄虚作假的,由县级以上人民政府环境保护行政主管部门或者有关自然保护区行政主管部门给予 300 元以上 3000 元以下的罚款。

第三十七条 自然保护区管理机构违反本条例规定,有下列行为之一的,由县级以上人民政府有关自然保护区行政主管部门责令限期改正;对直接责任人员,由其所在单位或者上级机关给予行政处分:

(一)开展参观、旅游活动未编制方案或者编制的方案不符合自然保护区管理目标的;

(二)开设与自然保护区保护方向不一致的参观、旅游项目的;

(三)不按照编制的方案开展参观、旅游活动的;

(四)违法批准人员进入自然保护区的核心区,或者违法批准外国人进入自然保护区的;

(五)有其他滥用职权、玩忽职守、徇私舞弊行为的。

第三十八条 违反本条例规定,给自然保护区造成损失的,由县级以上人民政府有关自然保护区行政主管部门责令赔偿损失。

第三十九条　妨碍自然保护区管理人员执行公务的,由公安机关依照《中华人民共和国治安管理处罚条例》的规定给予处罚;情节严重,构成犯罪的,依法追究刑事责任。

第四十条　违反本条例规定,造成自然保护区重大污染或者破坏事故,导致公私财产重大损失或者人身伤亡的严重后果,构成犯罪的,对直接负责的主管人员和其他直接责任人员依法追究刑事责任。

第四十一条　自然保护区管理人员滥用职权、玩忽职守、徇私舞弊,构成犯罪的,依法追究刑事责任;情节轻微,尚不构成犯罪的,由其所在单位或者上级机关给予行政处分。

第五章　附则

第四十二条　国务院有关自然保护区行政主管部门可以根据本条例,制定有关类型自然保护区的管理办法。

第四十三条　各省、自治区、直辖市人民政府可以根据本条例,制定实施办法。

第四十四条　本条例自 1994 年 12 月 1 日起施行。

3.3.4 《关于进一步加强涉及自然保护区开发建设活动监督管理的通知》(环发〔2015〕57 号文)

(1)切实提高对自然保护区工作重要性的认识

自然保护区是保护生态环境和自然资源的有效措施,是维护生态安全、建设美丽中国的有力手段,是走向生态文明新时代、实现中华民族永续发展的重要保障。各地区、各部门要认真学习、深刻领会、坚决贯彻落实中央领导同志的重要批示精神和党的十八大以及十八届三中、四中全会精神,进一步提高对自然保护区重要性的认识,正确处理好发展与保护的关系,决不能先破坏后治理,以牺牲环境、浪费资源为代价换取一时的经济增长。要加强对自然保护区工作的组织领导,严格执法,强化监管,认真解决自然保护区的困难和问题,切实把自然保护区建设好、管理好、保护好。

(2)严格执行有关法律法规

自然保护区属于禁止开发区域,严禁在自然保护区内开展不符合功能定位的开发建设活动。地方各有关部门要严格执行《中华人民共和国自然保护区条例》等相关法律法规,禁止在自然保护区核心区、缓冲区开展任何开发建设活动,建设任何生产经营设施;在实验区不得建设污染环境、破坏自然资源或自然景观的生产设施。

(3)抓紧组织开展自然保护区开发建设活动专项检查

地方各有关部门近期要对本行政区自然保护区内存在的开发建设活动进行一次全面检查。检查重点为自然保护区内开展的采矿、探矿、房地产、水(风)电开发、开垦、挖沙采石,以及核心区、缓冲区内的旅游开发建设等其他破坏资源和环境的活动。要落实责任,建立自然保护区管理机构对违法违规活动自查自纠、自然保护区主管部门监督的工作机制。要将检

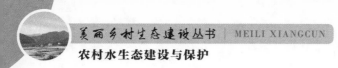
查结果向社会公布,充分发挥社会舆论的监督作用,鼓励社会公众举报、揭发涉及自然保护区违法违规建设活动。

（4）坚决整治各种违法开发建设活动

地方各有关部门要依据相关法规,对检查发现的违法开发建设活动进行专项整治。禁止在自然保护区内进行开矿、开垦、挖沙、采石等法律明令禁止的活动,对在核心区和缓冲区内违法开展的水(风)电开发、房地产、旅游开发等活动,要立即予以关停或关闭,限期拆除,并实施生态恢复。对于实验区内未批先建、批建不符的项目,要责令停止建设或使用,并恢复原状。对违法排放污染物和影响生态环境的项目,要责令限期整改;整改后仍不达标的,要坚决依法关停或关闭。对自然保护区内已设置的商业探矿权、采矿权和取水权,要限期退出;对自然保护区设立之前已存在的合法探矿权、采矿权和取水权,以及自然保护区设立之后各项手续完备且已征得保护区主管部门同意设立的探矿权、采矿权和取水权,要分类提出差别化的补偿和退出方案,在保障探矿权、采矿权和取水权人合法权益的前提下,依法退出自然保护区核心区和缓冲区。在保障原有居民生存权的条件下,保护区内原有居民的自用房建设应符合土地管理相关法律规定和自然保护区分区管理相关规定,新建、改建房应沿用当地传统居民风格,不应对自然景观造成破坏。对不符合自然保护区相关管理规定但在设立前已合法存在的其他历史遗留问题,要制定方案,分步推动解决。对于开发活动造成重大生态破坏的,要暂停审批项目所在区域内建设项目环境影响评价文件,并依法追究相关单位和人员的责任。各地环保、国土、水利、农业、林业、海洋等相关部门和中国科学院华南植物园要将本地和本系统检查及整改等相关情况汇总后在 2015 年 6 月 30 日之前分别向环境保护部、国土资源部、水利部、农业部、林业局、海洋局和中国科学院等综合管理和主管部门报告。2015 年下半年,国务院有关部门将联合组织开展专项督查。

（5）加强对涉及自然保护区建设项目的监督管理

地方各有关部门依据各自职责,切实加强涉及自然保护区建设项目的准入审查。建设项目选址(线)应尽可能避让自然保护区,确因重大基础设施建设和自然条件等因素限制无法避让的,要严格执行环境影响评价等制度,涉及国家级自然保护区的,建设前须征得省级以上自然保护区主管部门同意,并接受监督。对经批准同意在自然保护区内开展的建设项目,要加强对项目施工期和运营期的监督管理,确保各项生态保护措施落实到位。保护区管理机构要对项目建设进行全过程跟踪,开展生态监测,发现问题应当及时处理和报告。

（6）严格自然保护区范围和功能区调整

地方各有关部门要认真执行《国家级自然保护区调整管理规定》,从严控制自然保护区调整。对自然保护区造成生态破坏的不合理调整,应当予以撤销。擅自调整的,要责令限期整改,恢复原状,并依法追究相关单位和人员的责任。各地要抓紧制定和完善本省、自治区、直辖市地方级自然保护区的调整管理规定,不得随意改变自然保护区的性质、范围和功能区划,环境保护部将会同其他自然保护区主管部门完善地方级自然保护区调整备案制度,开展事后监督。

（7）完善自然保护区管理制度和政策措施

地方各有关部门应当加强自然保护区制度建设，研究建立考核和责任追究制度，实行任期目标管理。国家级自然保护区由其所在地的省级人民政府有关自然保护区行政主管部门或者国务院有关自然保护区行政主管部门管理。认真落实《国务院办公厅关于做好自然保护区管理有关工作的通知》（国办发〔2010〕63 号文）要求，保障自然保护区建设管理经费，完善自然保护区生态补偿政策。对自然保护区内土地、海域和水域等不动产实施统一登记，加强管理，落实用途管制。禁止社会资本进入自然保护区探矿，保护区内探明的矿产只能作为国家战略储备资源。要加强地方级自然保护区的基础调查、规划和日常管理工作，依法确认自然保护区的范围和功能区划，予以公告并勘界立标，加强日常监管，鼓励公众参与，共同做好保护工作。

3.3.5　《关于做好自然保护区管理有关工作的通知》（国办发〔2010〕63 号文）

建立自然保护区是保护生态环境、自然资源的有效措施，是保护生物多样性、建设生态文明的重要载体，是加快转变经济发展方式、实现可持续发展的积极手段。多年来，自然保护区的建设和管理工作取得了显著成效。但是，随着工业化、城镇化的加速推进，保护与开发的矛盾日益突出，一些自然保护区频繁进行调整或被非法侵占，部分物种的栖息地受到威胁，生态环境遭到破坏，自然保护区发展面临的压力不断加大。为切实做好自然保护区管理工作，促进自然保护区事业健康发展，经国务院同意，现就有关问题通知如下：

（1）科学规划自然保护区发展

定期开展全国生态环境和生物多样性状况调查和评价，并在各部门相关规划的基础上，统筹完善全国自然保护区发展规划。积极推进中东部地区自然保护区发展，在继续完善森林生态类型自然保护区布局的同时，将河湖、海洋和草原生态系统及地质遗迹、小种群物种的保护作为新建自然保护区的重点。按照自然地理单元和物种的天然分布对已建自然保护区进行整合，通过建立生态廊道，增强自然保护区间的连通性。对范围和功能分区尚不明确的自然保护区要进行核查和确认。设立其他类型保护区域，原则上不得与自然保护区范围交叉重叠；已经存在交叉重叠的，对交叉重叠区域要从严管理。

（2）强化对自然保护区范围和功能区调整的管理

任何部门和单位不得擅自改变自然保护区的性质、范围和功能分区，不得随意撤销已批准建立的自然保护区。自然保护区自批准建立或调整之日起，原则上五年内不得进行调整。确因国家立项核准的重大工程建设需要，必须对自然保护区进行调整的，应在确保自然保护区功能不发生改变的前提下，从严控制缩小自然保护区及其核心区、缓冲区的范围。地方级自然保护区的调整由其所在地省级人民政府审批，并报环境保护部和相关部门备案。各省、自治区、直辖市人民政府要抓紧制定地方级自然保护区调整的管理规定。

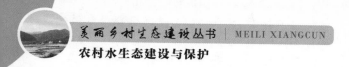
(3)严格限制涉及自然保护区的开发建设活动

自然保护区属禁止开发区域,在自然保护区核心区和缓冲区内禁止开展任何形式的开发建设活动;在自然保护区实验区内开展的开发建设活动,不得影响其功能,不得破坏其自然资源或景观。加强涉及自然保护区的矿产资源开发活动管理,限期对自然保护区内违法违规探矿和采矿活动予以清理。加强对自然保护区内旅游活动的监管。

(4)加强涉及自然保护区开发建设项目管理

涉及自然保护区的开发建设项目的环境影响评价文件,应对项目可能造成的对自然保护区功能和保护对象的影响作出预测,提出保护与恢复治理方案。项目所在地环保部门要会同有关部门加强项目实施期间的监管,督促建设单位落实保护与恢复治理方案。对于未按规定完成生态恢复任务的地区和建设单位,暂停审批其新的涉及自然保护区的建设项目环评文件,并对相关责任人依法予以处罚。

(5)规范自然保护区内土地和海域管理

将自然保护区涉及的土地、海域纳入土地利用、草地和林地保护等相关规划以及海洋功能区规划统筹考虑。加强自然保护区内土地和海域权属管理,依法确定其土地所有权和使用权及海域使用权。对自然保护区内的集体所有土地,可采取签订委托管理协议等方式妥善解决管理问题。依法使用自然保护区内土地的单位和个人,不得擅自改变土地用途,扩大使用面积。禁止任何单位和个人破坏、侵占、买卖或者以其他方式非法转让自然保护区内的土地。

(6)强化监督检查

根据功能定位和主要保护对象的特点,对自然保护区实施分类管理。定期开展自然保护区专项执法检查和管理评估,严肃查处各类违法行为,提高规范化管理水平。对管理不善、保护不力的,有关部门要责令其限期整改。对环境和资源受到严重破坏,不再符合条件或失去保护价值的自然保护区,原批准机关要给予降级或撤销处理。对人为因素导致自然保护区降级或撤销的,要依照相关规定追究有关人员的责任。环境保护部要会同有关部门制定自然保护区评估标准,有关部门可根据所管理自然保护区的特点和需要制定相应标准。

(7)加大资金投入

国家级自然保护区管护基础设施的建设投资由国家发展改革委在现有投资渠道中统筹安排,能力建设投资由财政部以专项资金形式给予补助,日常管理经费纳入其所在地省级财政预算。地方级自然保护区的建设和管理经费参照国家级自然保护区予以保障。要综合考虑自然保护区功能定位和土地权属等特点,加大财政转移支付力度,逐步提高当地居民基本公共服务均等化水平。加快建立自然保护区生态补偿机制。自然保护区内的野生动物对周边居民造成损害的,地方人民政府应给予补偿。规范涉及自然保护区开发建设活动的补偿措施。

(8)增强科技支撑

加强自然保护区生物多样性基础理论、保护技术和管理政策等方面的研究。建立自然保护区生态系统、植被和珍稀濒危物种分布数据库。建立卫星遥感监测和地面监测相结合的自然保护区生态和资源监测体系。认真履行有关国际公约,加强迁徙物种监测与保护、外来物种入侵等领域的国际交流与合作。充分发挥自然保护区的生态环境保护宣传教育、自然科学普及平台功能。加强自然保护区科研、管理等专业人员培训。

(9)加强领导和协调

各省、自治区、直辖市人民政府要加强对自然保护区管理工作的组织领导,建立考核和责任追究制度,实行任期目标管理,保障工作经费,健全管理机构,积极划建自然保护区,建立当地居民参加的自然保护区共管机制,妥善处理好自然保护区管理与当地经济建设及居民生产生活的关系。各有关部门要加强沟通协调,完善自然保护区建立、调整评审等工作机制,共同做好自然保护区管理工作。环境保护部要加强自然保护区的综合管理,会同有关部门完善相关政策、法规、规划,制定标准和技术规范,发布相关信息。国土资源部、水利部、农业部、林业局、海洋局和中国科学院等部门和单位要依据职责分工,做好各自管理自然保护区的相关工作。

3.3.6 《森林和野生动物类型自然保护区管理办法》

第一条 自然保护区是保护自然环境和自然资源、拯救濒于灭绝的生物物种、进行科学研究的重要基地;对促进科学技术、生产建设、文化教育、卫生保健等事业的发展,具有重要意义。根据《中华人民共和国森林法》和有关规定,制定本办法。

第二条 森林和野生动物类型自然保护区(以下简称自然保护区),按照本办法进行管理。

第三条 自然保护区管理机构的主要任务:贯彻执行国家有关自然保护区的方针、政策和规定,加强管理,开展宣传教育,保护和发展珍贵稀有野生动植物资源,进行科学研究,探索自然演变规律和合理利用森林和动植物资源的途径,为社会主义建设服务。

第四条 自然保护区分为国家自然保护区和地方自然保护区。国家自然保护区,由林业部或所在省、自治区、直辖市林业主管部门管理;地方自然保护区,由县级以上林业主管部门管理。

第五条 具有下列条件之一者,可以建立自然保护区:

(一)不同自然地带的典型森林生态系统的地区。

(二)珍贵稀有或者有特殊保护价值的动植物种的主要生存繁殖地区,包括:

国家重点保护动物的主要栖息、繁殖地区;

候鸟的主要繁殖地、越冬地和停歇地;

珍贵树种和有特殊价值的植物原生地;

野生生物模式标本的集中产地。

(三)其他有特殊保护价值的林区。

第六条 根据本办法第五条规定建立自然保护区,在科研上有重要价值,或者在国际上有一定影响的,报国务院批准,列为国家自然保护区;其他自然保护区,报省、自治区、直辖市人民政府批准,列为地方自然保护区。

第七条　建立自然保护区要注意保护对象的完整性和最适宜的范围,考虑当地经济建设和群众生产生活的需要,尽可能避开群众的土地、山林;确实不能避开的,应当严格控制范围,关根据国家有关规定,合理解决群众的生产生活问题。

第八条　自然保护区的解除和范围的调整,必须经原审批机关批准;未经批准不得改变自然保护区的性质和范围。

第九条　自然保护区的管理机构属于事业单位。机构的设置和人员的配备,要注意精干。国家或地方自然保护区管理机构的人员编制、基建投资、事业经费等,经主管部门批准后,分别纳入国家和省、自治区、直辖市的计划,由林业部门统一安排。

第十条　自然保护区管理机构,可以根据自然资源情况,将自然保护区分为核心区、实验区。核心区只供进行观测研究。实验区可以进行科学实验、教学实习、参观考察和驯化培育珍稀动植物等活动。

第十一条　自然保护区的自然环境和自然资源,由自然保护区管理机构统一管理。未经林业部或省、自治区、直辖市林业主管部门批准,任何单位和个人不得进入自然保护区建立机构和修筑设施。

第十二条　有条件的自然保护区,经林业部或省、自治区、直辖市林业主管部门批准,可以在指定的范围内开展旅游活动。

在自然保护区开展旅游必须遵守以下规定:

(一)旅游业务由自然保护区管理机构统一管理,所得收入用于自然保护区的建设和保护事业;

(二)有关部门投资或与自然保护区联合兴办的旅游建筑和设施,产权归自然保护区,所得收益在一定时期内按比例分成,但不得改变自然保护区隶属关系:

(三)对旅游区必须进行规划设计,确定合适的旅游点和旅游路线;

(四)旅游点的建筑和设施要体现民族风格,同自然景观和谐一致;

(五)根据旅游需要和接待条件制订年度接待计划,按隶属关系报林业主管部门批准,有组织地开展旅游;

(六)设置防火、卫生等设施,实行严格的巡护检查,防止造成环境污染和自然资源的破坏。

第十三条　进入自然保护区从事科学研究、教学实习、参观考察、拍摄影片、登山等活动的单位和个人,必须经省、自治区、直辖市以上林业主管部门的同意。

任何部门、团体、单位与国外签署涉及国家自然保护区的协议,接待外国人到国家自然保护区从事有关活动,必须征得林业部的同意;涉及地方自然保护区的,必须征得省、自治区、直辖市林业主管部门的同意。

经批准进入自然保护区从事上述活动的,必须遵守本办法和有关规定,并交纳保护管理费。

第十四条　自然保护区内的居民,应当遵守自然保护区的有关规定,固定生产生活活动范围,在不破坏自然资源的前提下,从事种植、养殖业,也可以承包自然保护区组织的劳务或保护管理任务,以增加经济收入。

第十五条　自然保护区管理机构会同所在和毗邻的县、乡人民政府及有关单位,组成自然保护区联合保护委员会,制订保护公约,共同做好保护管理工作。

第十六条　根据国家有关规定和需要,可以在自然保护区设立公安机构或者配备公安特派员,行政上受自然保护区管理机构领导,业务上受上级公安机关领导。

自然保护区公安机构的主要任务:保护自然保护区的自然资源和国家财产,维护当地社会治安,依法查处破坏自然保护区的案件。

第十七条　本办法自发布之日起施行。

3.3.7　《水生动植物自然保护区管理办法》

第一章　总则

第一条　为加强对水生动植物自然保护区的建设和管理,根据《中华人民共和国野生动物保护法》《中华人民共和国渔业法》和《中华人民共和国自然保护区条例》的规定,制定本办法。

第二条　本办法所称水生动植物自然保护区,是指为保护水生动植物物种,特别是具有科学、经济和文化价值的珍稀濒危物种、重要经济物种及其自然栖息繁衍生境而依法划出一定面积的土地和水域,予以特殊保护和管理的区域。

第三条　凡在中华人民共和国领域和中华人民共和国管辖的其他海域内建设和管理水生动植物自然保护区,必须遵守本办法。

第四条　任何单位和个人都有保护水生动植物自然保护区的义务,对破坏、侵占自然保护区的行为应该制止、检举和控告。

第五条　国务院渔业行政主管部门主管全国水生动植物自然保护区的管理工作;县级以上地方人民政府渔业行政主管部门主管本行政区域内水生动植物自然保护区的管理工作。

第二章　水生动植物自然保护区的建设

第六条　凡具有下列条件之一的,应当建立水生动植物自然保护区:

(1)国家和地方重点保护水生动植物的集中分布区、主要栖息地和繁殖地;

(2)代表不同自然地带的典型水生动植物生态系统的区域;

(3)国家特别重要的水生经济动植物的主要产地;

(4)重要的水生动植物物种多样性的集中分布区;

（5）尚未或极少受到人为破坏，自然状态保持良好的水生物种的自然生境；

（6）具有特殊保护价值的水生生物生态环境。

第七条　水生动植物自然保护区分为国家级和地方级。

具有重要科学、经济和文化价值，在国内、国际有典型意义或重大影响的水生动植物自然保护区，列为国家级自然保护区。其他具有典型意义或者重要科学、经济和文化价值的水生动植物自然保护区，列为地方级自然保护区。

第八条　国家级水生动植物自然保护区的建立，需经自然保护区所在地的省级人民政府同意，由省级人民政府渔业行政主管部门报国务院渔业行政主管部门，经评审委员会评审后，由国务院渔业行政主管部门按规定报国务院批准。

地方级水生动植物自然保护区的建立，由县级以上渔业行政主管部门按规定报省级人民政府批准，并报国务院渔业行政主管部门备案。

跨两个以上行政区域水生动植物自然保护区的建立，由有关行政区域的人民政府协商后提出申请，按上述程序审批。

第九条　水生动植物自然保护区的撤销及其性质、范围的调整和变化，应经原审批机关批准。

第十条　国务院渔业行政主管部门水生动植物自然保护区评审委员会，负责国家级水生动植物自然保护区申报论证和评审工作。

省级人民政府渔业行政主管部门水生动植物自然保护区评审委员会，负责地方级水生动植物自然保护区申报论证和评审工作。

第十一条　水生动植物自然保护区的范围和界线由批准建立自然保护区的人民政府确定，并标明区界，予以公告。其具体范围和界线应标绘于图，公布于众，并设置适当界碑、标志物及有关保护设施。

第十二条　水生动植物自然保护区按照下列方法命名：

国家级水生动植物自然保护区：自然保护区所在地地名加保护对象名称再加"国家级自然保护区"；

地方级水生动植物自然保护区：自然保护区所在地地名加保护对象名称再加"地方级自然保护区"；

具有多种保护对象或综合性的水生动植物自然保护区：自然保护区所在地地名加"国家级水生野生动植物自然保护区"或"地方级水生动植物自然保护区"。

第十三条　水生动植物自然保护区可根据自然环境、水生动植物资源状况和保护管理工作需要，划分为核心区、缓冲区和实验区。

第三章　水生动植物自然保护区的管理

第十四条　国家级水生动植物自然保护区，由国务院渔业行政主管部门或其所在地的省级人民政府渔业行政主管部门管理。

地方级水生动植物自然保护区,由其所在地的县级以上人民政府渔业行政主管部门管理。

跨行政区域的水生动植物自然保护区的管理,由上一级人民政府渔业行政主管部门与所涉及的地方人民政府协商确定。协商不成的,由上一级人民政府确定。

第十五条　渔业行政主管部门应当在水生动植物自然保护区内设立管理机构,配备管理和专业技术人员,负责自然保护区的具体管理工作,其主要职责是:

(一)贯彻执行国家有关自然保护和水生动植物保护的法律、法规和方针、政策;

(二)制定自然保护区的各项管理制度,统一管理自然保护区;

(三)开展自然资源调查和环境的监测、监视及管理工作,建立工作档案;

(四)组织或者协助有关部门开展科学研究、人工繁殖及增殖放流工作;

(五)开展水生动植物保护的宣传教育;

(六)组织开展经过批准的旅游、参观、考察活动;

(七)接受、抢救和处置伤病、搁浅或误捕的珍贵、濒危水生野生动物。

第十六条　禁止在水生动植物自然保护区进行砍伐、放牧、狩猎、捕捞、采药、开垦、烧荒、开矿、采石、挖沙、爆破等活动。

第十七条　禁止在水生动植物自然保护区域内新建生产设施,对于已有的生产设施,其污染物的排放必须达到国家规定的排放标准。

因血防灭螺需要向水生动植物保护区域内投放药物时,卫生防疫部门应与当地渔业行政主管部门联系,采取防范措施,避免对水生动植物资源造成损害。

第十八条　未经批准,禁止任何人进入国家级水生动植物自然保护区的核心区和一切可能对自然保护区造成破坏的活动。确因科学研究的需要,必须进入国家级水生动植物自然保护区核心区从事科学研究观测、调查活动的,应当事先向自然保护区管理机构提交申请和活动计划,并经省级人民政府渔业行政主管部门批准。

第十九条　禁止在水生动植物自然保护区的缓冲区开展旅游和生产经营活动。因科学研究、教学实习需要进入自然保护区的缓冲区,应当事先向自然保护区管理机构提交申请和活动计划,经自然保护区管理机构批准。

从事前款活动的单位和个人,应当将其活动成果的副本提交自然保护区管理机构。

第二十条　在水生动植物自然保护区的实验区开展参观、旅游活动的,由自然保护区管理机构提出方案,报省级人民政府渔业行政主管部门批准。

第二十一条　外国人进入国家级水生动植物自然保护区的,接待单位应当事先报省级人民政府渔业行政主管部门批准。

第二十二条　任何部门、单位、团体与国外签署涉及国家级水生动植物自然保护区的协议,须事先报国务院渔业主管部门批准;涉及地方级水生动植物自然保护区的,须事先经省级人民政府渔业行政主管部门批准。

第二十三条　经批准进入水生动植物自然保护区从事科学研究、教学实习、参观考察、拍摄影片、旅游、垂钓等活动的单位和个人须遵守以下规定：

（一）遵守主管部门和自然保护区管理机构制定的各项规章制度；

（二）服从自然保护区管理机构统一管理；

（三）不得破坏自然资源和生态环境；

（四）不得妨碍自然保护区的管理工作，不得干扰管理人员的业务活动。

第二十四条　水生动植物自然保护区内的自然资源和生态环境，由自然保护区管理机构统一管理，未经国务院渔业主管部门或省级人民政府渔业行政主管部门批准，任何单位和个人不得进入自然保护区建立机构和修筑设施。

第四章　罚则

第二十五条　违反本办法规定，由自然保护区管理机构依照《中华人民共和国自然保护区条例》第三十四条和第三十五条的规定处罚。

第二十六条　违反本办法规定，对水生动植物自然保护区造成损失的，除可以依照有关法规给予处罚以外，由县级以上人民政府渔业行政主管部门责令限期改正，赔偿损失。

第二十七条　妨碍水生动植物自然保护区管理人员执行公务的，由公安机关依照《中华人民共和国治安管理处罚法》的规定予以处罚；情节严重构成犯罪的，由司法机关依法追究刑事责任。

第二十八条　违反本办法规定，造成水生动植物自然保护区重大破坏或污染事故，引起严重后果，构成犯罪的，由司法机关对有关责任人员依法追究刑事责任。

第二十九条　水生动植物自然保护区管理人员玩忽职守、滥用职权、徇私舞弊的，由所在单位或者上级主管机关给予行政处分；情节严重构成犯罪的，由司法机关依法追究刑事责任。

第五章　附则

第三十条　本办法由国务院渔业行政主管部门负责解释。

第三十一条　省级人民政府渔业行政主管部门、各级水生动植物自然保护区管理机构可根据本办法制定实施细则和各项管理制度。

第三十二条　本办法自发布之日起施行。

3.3.8 《自然保护区专项资金使用管理办法》

第一条　为提高自然保护区的建设和管理水平，促进自然保护区事业发展，加强和规范自然保护区专项资金的使用管理，提高资金使用效益，根据预算管理的有关规定制定本办法。

第二条　自然保护区专项资金是指由中央财政安排的专项用于加强国家级自然保护区（包括特殊生态功能保护区，下同）管理的工作经费。

第三条　自然保护区专项资金依据"因地制宜、突出重点、集中使用、确保实效"的原则进行分配。

第四条　自然保护区专项资金重点支持方向：

（一）中西部地区具有典型生态特征和重要科研价值的国家级自然保护区；

（二）基础条件好、管理机制顺，具有示范意义的国家级自然保护区；

（三）具有重要保护价值，管护设施相对薄弱的国家级自然保护区。

第五条　符合下列条件的自然保护区可申请自然保护区专项补助资金：

（一）已经国务院批准为国家级自然保护区；

（二）以前年度安排的自然保护区专项资金项目组织有序并已完成，实施过程中未出现过违规违纪问题。

根据自然保护区各自的特点，自然保护区专项资金可用于以下方面的支出：

（一）野外自然综合考察、保护区发展与建设规划编制费用；

（二）与保护区的性质、规模及人员能力相适应的，必要的科研及观察监测仪器设备购置费用；

（三）能够有效保护珍稀濒危物种、保持保护区生物多样性的管护设施建设及科研试验费用；

（四）自然生态保护宣传教育费用；

（五）经财政部批准的其他支出。

自然保护区专项资金不得用于人员经费支出、日常办公设备购置费用支出及办公用房、职工生活用房等楼堂馆所建设费用支出。

第七条　自然保护区专项资金实行项目管理，以自然保护区为项目承担单位进行申报。申请自然保护区专项资金必须报送可行性研究报告或申请经费报告书。

报告的内容包括：项目编制的依据、可行性论证、投资总额及当年投资预算、申请中央财政补助的理由及详细预算、中央财政补助资金使用方向、预期效果等有关资料。

第八条　申请自然保护区专项资金的报告由各省（自治区、直辖市）、计划单列市财政厅（局）商环境保护局（厅）于每年 4 月 30 日前报送财政部，并抄送国家环境保护总局。

第九条　财政部组织国家环境保护总局等部门专家根据全国自然保护区发展规划纲要、各个国家级自然保护区建设与管理状况以及年度自然保护专项资金安排的实际情况，对自然保护区专项资金的申请报告进行充分论证和认真审核，必要时经实地查验后，作出具体安排。

第十条　财政部根据专家评审结果及当年预算安排情况编制和下达自然保护区专项资金补助预算。

第十一条　各省（自治区、直辖市）、计划单列市财政厅（局）在收到财政部下达的自然保护区专项经费补助预算后，应按财政部规定的资金用途、对象，及时拨付资金，不得挤占挪用,不得改变和扩大使用范围。

第十二条 中央财政拨付各地的自然保护区专项资金,原则上应于当年完成预算;确因政策性因素等造成当年未能完成的,应向财政部报告说明。

第十三条 各省(自治区、直辖市)、计划单列市财政厅(局)和环境保护局(厅)应加强对自然保护区专项资金使用的管理,及时向财政部和国家环境保护总局报送专项资金使用的情况,对自然保护区建设及管理情况进行总结。

第十四条 财政部会同国家环境保护总局负责自然保护区专项资金的监督管理,每年对专项资金的使用情况进行定期或不定期检查。对在专项资金监督检查中发现没有按照本办法管理和使用专项资金的,应及时纠正或处理;情节严重的,应停止项目的实施和资金安排,并予通报;违反财政法规或政策规定的,按国家有关规定严肃处理;触犯刑律的,移交司法机关处理。

第十五条 本办法自发布之日起执行。

3.3.9 《关于建立以国家公园为主体的自然保护地体系的指导意见》

建立以国家公园为主体的自然保护地体系,是贯彻习近平生态文明思想的重大举措,是党的十九大提出的重大改革任务。自然保护地是生态建设的核心载体、中华民族的宝贵财富、美丽中国的重要象征,在维护国家生态安全中居于首要地位。我国经过 60 多年的努力,已建立数量众多、类型丰富、功能多样的各级各类自然保护地,在保护生物多样性、保存自然遗产、改善生态环境质量和维护国家生态安全方面发挥了重要作用,但仍然存在重叠设置、多头管理、边界不清、权责不明、保护与发展矛盾突出等问题。为加快建立以国家公园为主体的自然保护地体系,提供高质量生态产品,推进美丽中国建设,现提出如下意见。

一、总体要求

(一)指导思想。以习近平新时代中国特色社会主义思想为指导,全面贯彻党的十九大和十九届二中、三中全会精神,贯彻落实习近平生态文明思想,认真落实党中央、国务院决策部署,紧紧围绕统筹推进"五位一体"总体布局和协调推进"四个全面"战略布局,牢固树立新发展理念,以保护自然、服务人民、永续发展为目标,加强顶层设计,理顺管理体制,创新运行机制,强化监督管理,完善政策支撑,建立分类科学、布局合理、保护有力、管理有效的以国家公园为主体的自然保护地体系,确保重要自然生态系统、自然遗迹、自然景观和生物多样性得到系统性保护,提升生态产品供给能力,维护国家生态安全,为建设美丽中国、实现中华民族永续发展提供生态支撑。

(二)基本原则

——坚持严格保护,世代传承。牢固树立尊重自然、顺应自然、保护自然的生态文明理念,把应该保护的地方都保护起来,做到应保尽保,让当代人享受到大自然的馈赠和天蓝地绿水净、鸟语花香的美好家园,给子孙后代留下宝贵自然遗产。

——坚持依法确权,分级管理。按照山水林田湖草是一个生命共同体的理念,改革以部门设置、以资源分类、以行政区划分设的旧体制,整合优化现有各类自然保护地,构建新型分类体系,实施自然保护地统一设置,分级管理、分区管控,实现依法有效保护。

——坚持生态为民,科学利用。践行绿水青山就是金山银山理念,探索自然保护和资源利用新模式,发展以生态产业化和产业生态化为主体的生态经济体系,不断满足人民群众对优美生态环境、优良生态产品、优质生态服务的需要。

——坚持政府主导,多方参与。突出自然保护地体系建设的社会公益性,发挥政府在自然保护地规划、建设、管理、监督、保护和投入等方面的主体作用。建立健全政府、企业、社会组织和公众参与自然保护的长效机制。

——坚持中国特色,国际接轨。立足国情,继承和发扬我国自然保护的探索和创新成果。借鉴国际经验,注重与国际自然保护体系对接,积极参与全球生态治理,共谋全球生态文明建设。

(三)总体目标。建成中国特色的以国家公园为主体的自然保护地体系,推动各类自然保护地科学设置,建立自然生态系统保护的新体制新机制新模式,建设健康稳定高效的自然生态系统,为维护国家生态安全和实现经济社会可持续发展筑牢基石,为建设富强民主文明和谐美丽的社会主义现代化强国奠定生态根基。

到2020年,提出国家公园及各类自然保护地总体布局和发展规划,完成国家公园体制试点,设立一批国家公园,完成自然保护地勘界立标并与生态保护红线衔接,制定自然保护地内建设项目负面清单,构建统一的自然保护地分类分级管理体制。到2025年,健全国家公园体制,完成自然保护地整合归并优化,完善自然保护地体系的法律法规、管理和监督制度,提升自然生态空间承载力,初步建成以国家公园为主体的自然保护地体系。到2035年,显著提高自然保护地管理效能和生态产品供给能力,自然保护地规模和管理达到世界先进水平,全面建成中国特色自然保护地体系。自然保护地占陆域国土面积18%以上。

二、构建科学合理的自然保护地体系

(四)明确自然保护地功能定位。自然保护地是由各级政府依法划定或确认,对重要的自然生态系统、自然遗迹、自然景观及其所承载的自然资源、生态功能和文化价值实施长期保护的陆域或海域。建立自然保护地目的是守护自然生态,保育自然资源,保护生物多样性与地质地貌景观多样性,维护自然生态系统健康稳定,提高生态系统服务功能;服务社会,为人民提供优质生态产品,为全社会提供科研、教育、体验、游憩等公共服务;维持人与自然和谐共生并永续发展。要将生态功能重要、生态环境敏感脆弱以及其他有必要严格保护的各类自然保护地纳入生态保护红线管控范围。

(五)科学划定自然保护地类型。按照自然生态系统原真性、整体性、系统性及其内在规律,依据管理目标与效能并借鉴国际经验,将自然保护地按生态价值和保护强度高低依次分为3类。

国家公园：是指以保护具有国家代表性的自然生态系统为主要目的，实现自然资源科学保护和合理利用的特定陆域或海域，是我国自然生态系统中最重要、自然景观最独特、自然遗产最精华、生物多样性最富集的部分，保护范围大，生态过程完整，具有全球价值、国家象征，国民认同度高。

自然保护区：是指保护典型的自然生态系统、珍稀濒危野生动植物种的天然集中分布区、有特殊意义的自然遗迹的区域。具有较大面积，确保主要保护对象安全，维持和恢复珍稀濒危野生动植物种群数量及赖以生存的栖息环境。

自然公园：是指保护重要的自然生态系统、自然遗迹和自然景观，具有生态、观赏、文化和科学价值，可持续利用的区域。确保森林、海洋、湿地、水域、冰川、草原、生物等珍贵自然资源，以及所承载的景观、地质地貌和文化多样性得到有效保护。包括森林公园、地质公园、海洋公园、湿地公园等各类自然公园。

制定自然保护地分类划定标准，对现有的自然保护区、风景名胜区、地质公园、森林公园、海洋公园、湿地公园、冰川公园、草原公园、沙漠公园、草原风景区、水产种质资源保护区、野生植物原生境保护区(点)、自然保护小区、野生动物重要栖息地等各类自然保护地开展综合评价，按照保护区域的自然属性、生态价值和管理目标进行梳理调整和归类，逐步形成以国家公园为主体、自然保护区为基础、各类自然公园为补充的自然保护地分类系统。

(六)确立国家公园主体地位。做好顶层设计，科学合理确定国家公园建设数量和规模，在总结国家公园体制试点经验基础上，制定设立标准和程序，划建国家公园。确立国家公园在维护国家生态安全关键区域中的首要地位，确保国家公园在保护最珍贵、最重要生物多样性集中分布区中的主导地位，确定国家公园保护价值和生态功能在全国自然保护地体系中的主体地位。国家公园建立后，在相同区域一律不再保留或设立其他自然保护地类型。

(七)编制自然保护地规划。落实国家发展规划提出的国土空间开发保护要求，依据国土空间规划，编制自然保护地规划，明确自然保护地发展目标、规模和划定区域，将生态功能重要、生态系统脆弱、自然生态保护空缺的区域规划为重要的自然生态空间，纳入自然保护地体系。

(八)整合交叉重叠的自然保护地。以保持生态系统完整性为原则，遵从保护面积不减少、保护强度不降低、保护性质不改变的总体要求，整合各类自然保护地，解决自然保护地区域交叉、空间重叠的问题，将符合条件的优先整合设立国家公园，其他各类自然保护地按照同级别保护强度优先、不同级别低级别服从高级别的原则进行整合，做到一个保护地、一套机构、一块牌子。

(九)归并优化相邻自然保护地。制定自然保护地整合优化办法，明确整合归并规则，严格报批程序。对同一自然地理单元内相邻、相连的各类自然保护地，打破因行政区划、资源分类造成的条块割裂局面,按照自然生态系统完整、物种栖息地连通、保护管理统一的原则进行合并重组,合理确定归并后的自然保护地类型和功能定位,优化边界范围和功能分区,被归并的自然保护地名称和机构不再保留,解决保护管理分割、保护地破碎和孤岛化问题,实现对自然生态系统的整体保护。在上述整合和归并中,对涉及国际履约的自然保护地,可以暂时保留履行相关国际公约时的名称。

三、建立统一规范高效的管理体制

(十)统一管理自然保护地。理顺现有各类自然保护地管理职能,提出自然保护地设立、晋(降)级、调整和退出规则,制定自然保护地政策、制度和标准规范,实行全过程统一管理。建立统一调查监测体系,建设智慧自然保护地,制定以生态资产和生态服务价值为核心的考核评估指标体系和办法。各地区各部门不得自行设立新的自然保护地类型。

(十一)分级行使自然保护地管理职责。结合自然资源资产管理体制改革,构建自然保护地分级管理体制。按照生态系统重要程度,将国家公园等自然保护地分为中央直接管理、中央地方共同管理和地方管理 3 类,实行分级设立、分级管理。中央直接管理和中央地方共同管理的自然保护地由国家批准设立;地方管理的自然保护地由省级政府批准设立,管理主体由省级政府确定。探索公益治理、社区治理、共同治理等保护方式。

(十二)合理调整自然保护地范围并勘界立标。制定自然保护地范围和区划调整办法,依规开展调整工作。制定自然保护地边界勘定方案、确认程序和标识系统,开展自然保护地勘界定标并建立矢量数据库,与生态保护红线衔接,在重要地段、重要部位设立界桩和标识牌。确因技术原因引起的数据、图件与现地不符等问题可以按管理程序一次性纠正。

(十三)推进自然资源资产确权登记。进一步完善自然资源统一确权登记办法,每个自然保护地作为独立的登记单元,清晰界定区域内各类自然资源资产的产权主体,划清各类自然资源资产所有权、使用权的边界,明确各类自然资源资产的种类、面积和权属性质,逐步落实自然保护地内全民所有自然资源资产代行主体与权利内容,非全民所有自然资源资产实行协议管理。

(十四)实行自然保护地差别化管控。根据各类自然保护地功能定位,既严格保护又便于基层操作,合理分区,实行差别化管控。国家公园和自然保护区实行分区管控,原则上核心保护区内禁止人为活动,一般控制区内限制人为活动。自然公园原则上按一般控制区管理,限制人为活动。结合历史遗留问题处理,分类分区制定管理规范。

四、创新自然保护地建设发展机制

(十五)加强自然保护地建设。以自然恢复为主,辅以必要的人工措施,分区分类开展受损自然生态系统修复。建设生态廊道、开展重要栖息地恢复和废弃地修复。加强野外保护站点、巡护路网、监测监控、应急救灾、森林草原防火、有害生物防治和疫源疫病防控等保护管理设施建设,利用高科技手段和现代化设备促进自然保育、巡护和监测的信息化、智能化。

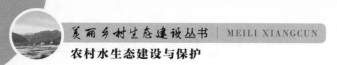

配置管理队伍的技术装备,逐步实现规范化和标准化。

(十六)分类有序解决历史遗留问题。对自然保护地进行科学评估,将保护价值低的建制城镇、村屯或人口密集区域、社区民生设施等调整出自然保护地范围。结合精准扶贫、生态扶贫,核心保护区内原住居民应实施有序搬迁,对暂时不能搬迁的,可以设立过渡期,允许开展必要的、基本的生产活动,但不能再扩大发展。依法清理整治探矿采矿、水电开发、工业建设等项目,通过分类处置方式有序退出;根据历史沿革与保护需要,依法依规对自然保护地内的耕地实施退田还林还草还湖还湿。

(十七)创新自然资源使用制度。按照标准科学评估自然资源资产价值和资源利用的生态风险,明确自然保护地内自然资源利用方式,规范利用行为,全面实行自然资源有偿使用制度。依法界定各类自然资源资产产权主体的权利和义务,保护原住居民权益,实现各产权主体共建保护地、共享资源收益。制定自然保护地控制区经营性项目特许经营管理办法,建立健全特许经营制度,鼓励原住居民参与特许经营活动,探索自然资源所有者参与特许经营收益分配机制。对划入各类自然保护地内的集体所有土地及其附属资源,按照依法、自愿、有偿的原则,探索通过租赁、置换、赎买、合作等方式维护产权人权益,实现多元化保护。

(十八)探索全民共享机制。在保护的前提下,在自然保护地控制区内划定适当区域开展生态教育、自然体验、生态旅游等活动,构建高品质、多样化的生态产品体系。完善公共服务设施,提升公共服务功能。扶持和规范原住居民从事环境友好型经营活动,践行公民生态环境行为规范,支持和传承传统文化及人地和谐的生态产业模式。推行参与式社区管理,按照生态保护需求设立生态管护岗位并优先安排原住居民。建立志愿者服务体系,健全自然保护地社会捐赠制度,激励企业、社会组织和个人参与自然保护地生态保护、建设与发展。

五、加强自然保护地生态环境监督考核

实行最严格的生态环境保护制度,强化自然保护地监测、评估、考核、执法、监督等,形成一整套体系完善、监管有力的监督管理制度。

(十九)建立监测体系。建立国家公园等自然保护地生态环境监测制度,制定相关技术标准,建设各类各级自然保护地"天空地一体化"监测网络体系,充分发挥地面生态系统、环境、气象、水文水资源、水土保持、海洋等监测站点和卫星遥感的作用,开展生态环境监测。依托生态环境监管平台和大数据,运用云计算、物联网等信息化手段,加强自然保护地监测数据集成分析和综合应用,全面掌握自然保护地生态系统构成、分布与动态变化,及时评估和预警生态风险,并定期统一发布生态环境状况监测评估报告。对自然保护地内基础设施建设、矿产资源开发等人类活动实施全面监控。

(二十)加强评估考核。组织对自然保护地管理进行科学评估,及时掌握各类自然保护地管理和保护成效情况,发布评估结果。适时引入第三方评估制度。对国家公园等各类自然保护地管理进行评价考核,根据实际情况,适时将评价考核结果纳入生态文明建设目标评价考核体系,作为党政领导班子和领导干部综合评价及责任追究、离任审计的重要参考。

(二十一)严格执法监督。制定自然保护地生态环境监督办法,建立包括相关部门在内的统一执法机制,在自然保护地范围内实行生态环境保护综合执法,制定自然保护地生态环境保护综合执法指导意见。强化监督检查,定期开展"绿盾"自然保护地监督检查专项行动,及时发现涉及自然保护地的违法违规问题。对违反各类自然保护地法律法规等规定,造成自然保护地生态系统和资源环境受到损害的部门、地方、单位和有关责任人员,按照有关法律法规严肃追究责任,涉嫌犯罪的移送司法机关处理。建立督查机制,对自然保护地保护不力的责任人和责任单位进行问责,强化地方政府和管理机构的主体责任。

六、保障措施

(二十二)加强党的领导。地方各级党委和政府要增强"四个意识",严格落实生态环境保护党政同责、一岗双责,担负起相关自然保护地建设管理的主体责任,建立统筹推进自然保护地体制改革的工作机制,将自然保护地发展和建设管理纳入地方经济社会发展规划。各相关部门要履行好自然保护职责,加强统筹协调,推动工作落实。重大问题及时报告党中央、国务院。

(二十三)完善法律法规体系。加快推进自然保护地相关法律法规和制度建设,加大法律法规立改废释工作力度。修改完善自然保护区条例,突出以国家公园保护为主要内容,推动制定出台自然保护地法,研究提出各类自然公园的相关管理规定。在自然保护地相关法律、行政法规制定或修订前,自然保护地改革措施需要突破现行法律、行政法规规定的,要按程序报批,取得授权后施行。

(二十四)建立以财政投入为主的多元化资金保障制度。统筹包括中央基建投资在内的各级财政资金,保障国家公园等各类自然保护地保护、运行和管理。国家公园体制试点结束后,结合试点情况完善国家公园等自然保护地经费保障模式;鼓励金融和社会资本出资设立自然保护地基金,对自然保护地建设管理项目提供融资支持。健全生态保护补偿制度,将自然保护地内的林木按规定纳入公益林管理,对集体和个人所有的商品林,地方可依法自主优先赎买;按自然保护地规模和管护成效加大财政转移支付力度,加大对生态移民的补偿扶持投入。建立完善野生动物肇事损害赔偿制度和野生动物伤害保险制度。

(二十五)加强管理机构和队伍建设。自然保护地管理机构会同有关部门承担生态保护、自然资源资产管理、特许经营、社会参与和科研宣教等职责,当地政府承担自然保护地内经济发展、社会管理、公共服务、防灾减灾、市场监管等职责。按照优化协同高效的原则,制定自然保护地机构设置、职责配置、人员编制管理办法,探索自然保护地群的管理模式。适当放宽艰苦地区自然保护地专业技术职务评聘条件,建设高素质专业化队伍和科技人才团队。引进自然保护地建设和发展急需的管理和技术人才。通过互联网等现代化、高科技教学手段,积极开展岗位业务培训,实行自然保护地管理机构工作人员继续教育全覆盖。

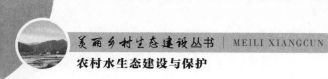
（二十六）加强科技支撑和国际交流。设立重大科研课题,对自然保护地关键领域和技术问题进行系统研究。建立健全自然保护地科研平台和基地,促进成熟科技成果转化落地。加强自然保护地标准化技术支撑工作。自然保护地资源可持续经营管理、生态旅游、生态康养等活动可研究建立认证机制。充分借鉴国际先进技术和体制机制建设经验,积极参与全球自然生态系统保护,承担并履行好与发展中大国相适应的国际责任,为全球提供自然保护的中国方案。

第4章 农村水安全建设与保护

4.1 农村饮用水安全建设

4.1.1 农村饮用水安全建设现状

4.1.1.1 农村饮用水安全工程建设进展和成效

农村饮用水安全，是指农村居民能够及时、方便地获得足量、洁净、负担得起的生活饮用水。我国是一个人口众多的发展中国家，受自然、地理、经济和社会等条件的制约，农村饮用水困难和饮用水不安全问题突出。特别是占国土面积72%的山丘区，地形复杂，农民居住分散，很多地区缺乏水源或取水困难，不少地区受水文地质条件、污染以及开矿等人类活动的影响，地下水中氟、砷、铁、锰等含量以及氨、氮、硝酸盐、重金属等指标超标，必须经过净化处理或寻找优质水源才能满足饮用水卫生安全要求。

获得安全饮用水是人类的基本需求。加强农村供水基础设施建设，切实解决农村居民的饮用水安全问题，是保障和改善民生、全面建成小康社会的重要内容。新中国成立以来，党和政府高度重视解决农民饮用水问题，不断加大投入和工作力度。"十一五"和"十二五"期间，通过科学制定规划、强化地方行政首长责任制、中央和地方加大资金支持和政策扶持力度，农村饮用水安全工作取得重大进展，共安排总投资2776亿元，其中中央投资1804亿元、地方投资972亿元，解决了5亿多农村居民和4700多万农村学校师生的饮用水安全问题，还安排建设了2300多个区域水质检测中心，使我国农村长期存在的饮用水不安全问题基本得到解决。

4.1.1.2 农村饮用水安全存在的主要困难和问题

尽管农村饮用水安全工作取得了很大成就，但是农村供水设施总体上依然薄弱，解决农村饮用水安全问题任务依然十分艰巨。

（1）饮用水安全工程建设任务仍然繁重

截至2010年底，全国还有4亿多农村人口的生活饮用水采取直接从水源取水、未经任何设施或仅有简易设施的分散供水方式，占全国农村供水人口的42%，其中8572万人无供水设施，直接从河、溪、坑塘取水。截至2015年底，全国农村集中供水率达82%，仍有18%左右的农村居民采用分散式供水。采用分散式供水的1.6亿人口主要分布在中西部地区，供水来源以浅井为主。全国农村自来水普及率仅76%。除原农村饮用水安全现状调查评估

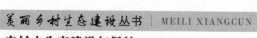

核定剩余饮用水不安全人口外,由于饮用水水质标准提高、农村水源变化、水污染以及早期建设的工程标准过低、老化报废、移民搬迁、国有农林场新纳入规划等,还有大量新增饮用水不安全人口需要纳入规划解决,农村饮用水安全工程建设任务仍然繁重。

(2)工程长效运行机制尚不完善

受农村人口居住分散、地形地质条件复杂、农民经济承受能力低、支付意愿不强等因素制约,农村供水工程规模小、供水成本高、水价不到位,难以实现专业化管理,建立农村饮用水安全工程良性运行机制难度很大。因此,目前绝大多数农村饮用水安全工程只能维持日常运行,无法足额提取工程折旧和大修费,不具备大修和更新改造的能力。另外,一些地方农村饮用水安全工程因电价偏高、税费多等因素又增大了运行成本。与城市供水相比,农村饮用水安全工程的长效运行机制有待完善。

(3)部分地区现行工程建设人均投资标准偏低

由于近年来建筑材料和人工费持续上涨,各地农村饮用水安全工程建设投资增加较多,现行人均投资标准难以满足工程实际需求。特别是内蒙古、吉林、黑龙江等东北地区和青海、甘肃、新疆、新疆生产建设兵团等西北高寒、高海拔、偏远山丘区、牧区,建设条件差,施工难度大,工程投资高,现行补助标准明显偏低;广西、贵州等大石山区、喀斯特地貌区,山高坡陡,地表蓄不住水,只能兴建分散的水柜、水池,人均工程投资高出全国平均投资的数倍,现行补助标准与实际需求差距较大。

(4)水源保护和水质保障工作薄弱

农村饮用水水源类型复杂、点多面广,保护难度大,加之目前农业面源污染以及生活污水、工业废水不达标排放问题严重,进一步加大了水源地保护的难度,甚至南方部分水资源相对丰富的地区也很难找到合格水源。农村饮用水水源保护工作涉及地方人民政府多个部门以及群众切身利益,涉及面广、解决难度大,特别是受现阶段农村经济发展水平和地方财力状况等因素制约,水源地保护措施难以落实。目前,部分农村供水工程,特别是先期建设的单村供水工程存在设计时未考虑水质处理和消毒设施,或者设计了但未按要求配备,配备了但不能正常使用等现象,造成部分工程的供水水质不能完全达标。由于缺乏专项经费,一些地方缺乏水质检测设备和专业技术人员,水质检测工作十分薄弱。

(5)部分地区项目前期工作深度不够

由于一些地方对前期工作重视不够,投入的技术力量不足,前期工作与项目管理经费不落实,部分地区缺少科学合理的县级供水总体规划,有的地方虽然也编制了总体规划,但与建设、扶贫、卫生等部门的专项规划缺乏衔接,造成有的工程水源可靠性论证不充分,部分工程设计规模不合理,一些地方存在低水平重复建设以及因移民搬迁而废弃的现象,不少工程供水水质难以得到保证,良性运行难以实现。

(6)基层管理和技术力量不足

基层水利部门机构和人员状况与饮用水安全工作面临的形势和任务很不适应。造成基层管理和技术力量薄弱的主要原因:一是村镇供水工程大规模建设时间紧、任务重,工程技术人员和管理人员的培训滞后,技术储备不足;二是村镇供水工程大多地处偏远乡村,条件差、待遇低,对专业技术和管理人员缺乏吸引力。此外,目前适宜农村特点、处理效果好、成本低、操作简便的特殊水质处理技术仍然缺乏。在缺乏优质饮用水水源的高氟水、苦咸水地区,饮用水必须经过处理,但目前成熟的除氟等特殊水处理技术制水成本高、管理复杂,难以在农村推广使用,需加快研发适合农村特点的特殊水处理技术。

4.1.2 "十三五"期间农村饮用水安全巩固提升工作重点和难点

4.1.2.1 规划目标

按照全面建成小康社会的总体要求,到 2020 年,通过实施农村饮用水安全巩固提升工程,综合采取新建、配套、改造、升级、联网等方式,以及建立健全工程良性运行机制,进一步提高农村供水集中供水率、自来水普及率、水质达标率和供水保证率,提高运行管理水平和监管能力,全面提高农村饮用水安全保障程度。到 2020 年,全国农村饮用水安全集中供水率达到 85% 以上,自来水普及率达到 80% 以上;水质合格率整体有较大提高;小型工程供水保证率不低于 90%,其他工程的供水保证率不低于 95%。城镇自来水管网覆盖行政村的比例达到 33%。进一步健全供水工程运行管护机制,逐步实现良性可持续运行。

4.1.2.2 工程建设主要内容

根据全国 29 个省(自治区、直辖市)和新疆生产建设兵团(北京市、上海市自行实施)编制完成的省级农村饮用水安全巩固提升工程"十三五"规划汇总,全国农村饮用水安全巩固提升工程总投资为 1300 多亿元,规划配套改造与新建集中供水工程 19.4 万处、分散工程22.9 万处,改造或延伸管网 77.6 万 km,改造净水设施 6.3 万处,配套消毒设备 10.7 万台,划定水源保护区或保护范围、建设防护设施 7.2 万处,建设规模化水厂水质化验室 6092 处,以及开展农村饮用水安全信息管理系统、规模以上水厂自动化监控系统和水质状况实时监测试点建设等。国家资金优先支持解决贫困人口饮用水问题,根据国务院扶贫办公室提供的数据,全国建档立卡贫困人口中尚有 523 万户 1573 万人存在饮用水问题,需要在"十三五"期间通过农村饮用水安全巩固提升工作全面解决。

"十三五"期间中央重点支持解决 3 个方面的问题。一是通过新建、改扩建集中供水工程,改造、配套、联网现有小型分散工程等措施,解决早期建设的工程报废、工程标准低、规模小以及水污染、水源变化等原因出现的农村饮用水安全不达标、易反复等问题。二是对一定供水规模、水质净化处理不配套的工程,改造水质净化设施,配套消毒设备,规范使用水质净化消毒设施设备,以解决水处理设施不完善、制水工艺落后、管网不配套等影响供水水质的问题。三是开展农村饮用水水源保护、规模水厂水质化验室以及信息化建设。强化农村饮用水水源保护,推进水源保护区或保护范围划定、防护设施建设和标志设置;千吨万人以上

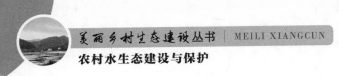
工程配置水质化验室;开展农村饮用水安全信息管理系统、规模以上水厂自动化监控系统和水质状况实时监测试点建设。

4.1.3 农村饮用水安全建设保障措施

4.1.3.1 分类推进水源保护区或保护范围划定工作

以供水人口多、环境敏感的水源以及农村饮用水安全工程规划支持建设的水源为重点,由地方人民政府按规定制订工作计划,明确划定时限,按期完成农村饮用水水源保护区或保护范围划定工作。对供水人口在 1000 人以上的集中式饮用水水源,按照《中华人民共和国水污染防治法》《中华人民共和国水法》等法律法规要求,参照《饮用水水源保护区划分技术规范》,科学编码并划定水源保护区。

对已建成投入运行的农村饮用水安全工程,工程建设及管理单位应协助做好水源保护区或保护范围的划分及规范管理工作。对新建、改建、扩建的农村饮用水工程,工程建设单位应在选址阶段进行水量、水质、水源保护区或保护范围划分方案的论证;水源保护区和保护范围的划分、标志建设、环境综合整治等工作,应与农村饮用水工程同时设计、同时建设、同时验收。

4.1.3.2 加强农村饮用水水源规范化建设

(1)设立水源保护区标志

地方各级环保、水利等部门,要按照当地人民政府要求,参照《饮用水水源保护区标志技术要求》《集中式饮用水水源环境保护指南(试行)》(以下简称《集中式指南》)及《分散式指南》,在饮用水水源保护区的边界设立明确的地理界标和明显的警示标志,加强饮用水水源标志及隔离设施的管理维护。

(2)推进农村水源环境监管及综合整治

地方各级环保部门要会同有关部门,参照《集中式指南》《分散式指南》等文件,自2015 年起,分期分批调查评估农村饮用水水源环境状况。对可能影响农村饮用水水源环境安全的化工、造纸、冶炼、制药等重点行业、重点污染源,要加强执法监管和风险防范,避免突发环境事件影响水源安全。结合农村环境综合整治工作,开展水源规范化建设,加强水源周边生活污水、垃圾及畜禽养殖废弃物的处理处置,综合防治农药、化肥等面源污染。针对因人类活动影响超标的水源,研究制定水质达标方案,因地制宜地开展水源污染防治工作。

(3)提升水质监测及检测能力

地方各级水利、环保部门要配合发展改革、卫生计生等部门,按照本级人民政府部署,结合《关于加强农村饮用水安全工程水质检测能力建设的指导意见》的落实,提升供水工程水质检测设施装备水平和检测能力,满足农村饮用水工程的常规水质检测需求。加强农村饮用水工程的水源及水厂水质监测和检测,重点落实日供水 1000t 或服务 10000 人以上的供水工程水质检测责任。地方各级环保部门要按照《全国农村环境质量试点监测工作方案》要求,开展农村饮用水水源水质监测工作。

　　(4)防范水源环境风险

　　地方各级环保部门要会同有关部门,排查农村饮用水水源周边环境隐患,建立风险源名录。指导、督促排污单位,按照《突发事件应对法》和《突发环境事件应急预案管理暂行办法》规定,做好突发水污染事故的风险控制、应急准备、应急处置、事后恢复以及应急预案的编制、评估、发布、备案、演练等工作。参照《集中式地表饮用水水源地环境应急管理工作指南(试行)》,以县或乡镇行政区域为基本单元,编制农村饮用水水源突发环境事件应急预案;一旦发生污染事件,立即启动应急方案,采取有效措施保障群众饮用水安全。

4.1.3.3　健全农村饮用水工程及水源保护长效机制

　　地方各级水利、环保部门要会同有关部门,结合农村饮用水工程建设、农村环境综合整治、新农村建设等工作,多渠道筹集水源保护资金;按照《农村饮用水安全工程建设管理办法》等规定,切实加强资金管理;落实用电用地和税收优惠等政策,推进县级农村供水机构、环境监测机构和维修养护基金建设,保障工程长效运行,确保饮用水工程安全、稳定、长期发挥效益。严格工程验收,确保工程质量,未按要求验收或验收不合格的要限期整改。明确供水工程及水源管护主体。指导、督促农村饮用水工程管理单位,建立健全水源巡查制度,及时发现并制止威胁供水安全的行为;规范开展水源及供水水质监测和检测,发现异常情况及时向主管部门报告,必要时启动应急供水。

4.1.3.4　进一步加强组织领导

　　进一步提高认识,认真履行职责、密切配合、协同作战,切实加强农村饮用水安全保障工作。地方各级环保部门要会同水利、发展改革、住房城乡建设、卫生计生等部门,加快推进农村饮用水水源环境状况调查评估工作,抓紧划定水源保护区或保护范围,组织编制农村饮用水水源保护相关管理办法,加强水源保护区环境综合整治及规范化建设等工作。地方各级水利部门要会同环保、发展改革、住房城乡建设、卫生计生等部门,因地制宜地优化水源布局,推进区域集中供水,加强农村饮用水工程建设及管理,组织制定相关规范性文件,落实安全保障措施,及时发现和消除安全隐患,持续提升农村居民饮用水安全保障水平。

4.1.3.5　强化宣传教育和公众参与

　　地方各级水利、环保部门要会同有关部门,切实加强农村饮用水安全、水源保护等相关知识及工作的宣传力度,增强农村居民水源保护意识。按照本级人民政府要求,逐步公布水源水和出厂水水质状况,搭建公众参与平台,强化社会监督,构建全民行动格局,切实提升农村饮用水安全保障水平。

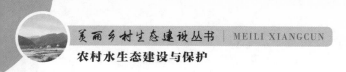
4.2 农村小水电开发生态保护

4.2.1 我国农村小水电站开发建设现状

经过多年的开发建设,到 2018 年底,我国已建成农村水电站 4.6 万多座,总装机容量 8044 万 kW,年发电量近 2346 亿 kW·h,分别约占全国水电装机总量和年发电量的 23% 和 19%。在开发水能资源的同时充分发挥水利工程的综合效益,形成水库库容 2800 多亿 m^3,有效灌溉面积上亿亩,在保障城镇防洪安全、改善灌溉和供水条件、促进山区生态文明建设等方面发挥了重要作用。但同时,一些地区小水电在运行、管理等方面还存在不少薄弱环节。为更好地发挥小水电与水资源、水生态、水环境息息相关的天然优势,2017 年水利部正式启动绿色小水电站创建工作,引导小水电行业加快转变发展方式,走生态环境友好的可持续发展之路。

水利部先后提出"有限、有序、有偿"开发农村水能资源、建设绿色水电等发展思路,组织各地开展中小河流水能资源规划,修编出台推进绿色小水电发展的指导意见,颁布了《绿色小水电评价标准》。"十三五"期间水利部组织实施农村水电增效扩容改造,通过改造生态泄放设施和建设生态堰坝、生态机组等手段积极修复河流生态。截至 2018 年底,中央财政已下达奖励资金 40.5 亿元,370 多条河流、1191 个生态改造项目已完成改造,累计修复减脱水河段 1830km。2017 年以来全国成功创建了 165 座绿色小水电站,在生态改善、惠及民生、标准化建设等方面发挥了很好的示范引领作用。按照规划到 2020 年力争单站装机容量 10MW 以上、国家重点生态功能区范围内 1MW 以上、中央财政资金支持过的电站全部创建为绿色小水电站。

4.2.2 农村水电站对水生态的影响

农村水电开发所带来的生态问题不容忽视。随着经济社会的发展和社会公众环保意识的不断增强,对河流生态的要求越来越高。同时随着一些河流功能的变化以及水能资源开发理念的转变,许多早期建设的农村水电站面临着许多新情况、新挑战。由于建设时期、建设目标和建设主体不同等方面的原因,一些水电站因下泄流量不足而造成部分河段在某一时段内河道生态流量不足、减脱水甚至出现干涸现象,一定程度上影响了河道的正常生态功能。加之由于农村水电站所涉及的河流与当地村镇有着密切的联系河道的减脱水,给当地居民的生产、生活等带来了一定的影响。

4.2.2.1 农村水电站工程对河流生态系统的影响

在天然河道上修建农村水电站会直接破坏河流长期演化形成的生态环境,使得河段局部形态均一化和非连续化,从而改变了河流生态环境的多样性。

所谓河流形态的均一化主要是指自然河流的渠道化,人类为了预防河流侧向塌岸的需要,平顺堤岸而修建护岸工程,河流的渠道化改变了河流蜿蜒曲折的基本形态使河段急流、缓流、弯道及深泓交错的格局消失。河流断面形态规则化导致生境异质性降低,水域生态系统的结构和功能随之发生改变,从而诱发河流生态系统退化,生物群落多样化随之减少。

所谓河流形态的非连续性是指在河流上筑堤、建坝形成水库后造成自然水的非连续性。上游河道随着水位上升,水流流速骤然降低急流、深槽不复存在,水温水质不断变化,库区水体趋向静态分布,河流失去原有的快速自我修复和自身净化功能;而大坝下游下泄水体温度四季变化减小,影响下游河道水生生物多样化的生存环境,农业灌溉引用低温水体将会影响农作物生长,下游河道水位降低特别是汛期水位降低还会极大地影响通江湖泊水生生物的生存环境。

4.2.2.2　农村水电站对陆生生态环境的影响

植被是生态环境中最重要、最敏感的自然要素,对生态系统变化及稳定起决定性作用。植被又是陆生动物赖以生存的环境,保护陆生动物首先要保护植被的完整性。农村水电站工程在施工期和运行期对陆生生物的影响是有差异的。

(1)工程施工期对陆生生物的影响

水电站工程施工时破坏部分林地、草丛和农田。施工占地包括永久性占地和临时性占地两类。永久性占地包括枢纽建筑物、淹没区、移民安置区、公路建设等;临时占地包括土石料场、弃渣场、施工生活区等。一般临时占地对植被的破坏是暂时的,工程结束后可以采取措施对植被进行恢复或重建;而永久性占地对植被的破坏是毁灭性的。施工期大量地毁林,开挖毁坏了陆生动物的栖息地;施工产生的工程废水、生活污水、弃渣等改变河道水流的浑浊度和理化性质,恶化河道岸边爬行类动物的生存环境;施工产生的废气、噪声等也驱赶长期生存在地面上的动物及鸟类,使它们不得不进行长途迁徙,从而导致其中一部分动物直接死亡。

(2)工程运行期对陆生生物的影响

水电站运行期间会淹没大量植被生境。在地形复杂的山区,植物多样性丰富,淹没使得植物生境丧失造成物种群居减少,有些珍稀植物种类甚至灭绝,生境片段化使植物群居结构发生改变,大量边境生境区的产生对群居内物种的散布和移居产生直接的障碍。水库蓄水增加了水面面积和湿地面积,有利于水禽数量和种类增加,湿地内昆虫数量和种类增加,为静水型两栖动物提供了适宜的生存环境;栖息于低海拔草木灌丛中的鸟、兽的生活范围遭受破坏,被迫向高海拔或其他地区迁徙;天然河道岸边、河谷地带陆生动物的生活范围被淹没后,陆生动物的栖息地相对缩小。建库前枯水季节许多支流常常断流,一些动物游弋于两岸取食;水库蓄水后动物的通道被切断,也大大影响了一些动物的生活习性。

4.2.2.3　农村水电站工程对社会环境的影响

　　水电开发对社会环境的影响是多方面的,它对该区域社会效益具有积极作用,推动当地防洪、电力、灌溉、供水、养殖等事业发展,促进区域产业多元化发展,提高区域人口素质,优化人口结构。水电开发在带来巨大社会效益的同时,也带来一些社会问题。由于淹没土地引起的移民问题,其社会影响深远,在水电建设中应引起特别重视。水电开发还将引起人群健康问题,存在着爆发流行性传染病的隐患;水库蓄水后还将淹没上游部分自然景观和历史文物;由于水电工程规模较大,在设计、建设、管理中存在问题,导致大坝溃决将导致下游人员伤亡、经济损失和生态环境破坏。必须采取严格合理的对策措施减小水电工程带来的社会问题。

4.2.3　农村水电站绿色发展对策

4.2.3.1　绿色管理

　　(1)河流水电规划应统筹水电开发与生态环境保护

　　河流水电规划及环境影响评价应按照"全面规划、综合利用、保护环境、讲求效益、统筹兼顾"的规划原则以及"生态优先、统筹考虑、适度开发、确保底线"的环境保护要求,协调水电建设与生态环境保护关系统筹流域环境保护工作。

　　1)科学分析确定流域生态环境敏感保护对象。应对流域有关区域生态环境进行全面调查、科学评价,充分研究相关生态环境敏感问题,科学分析保护的必要性、可行性和合理性,确定生态环境敏感保护对象。

　　2)合理确定重要敏感生态环境保护范围。应高度重视流域重要生态环境敏感保护对象的保护,避让自然保护区、珍稀物种集中分布地等生态敏感区域,减小流域生物多样性和重要生态功能的损失。优化水电开发和生态保护空间格局,在做好生态保护和移民安置的前提下,积极发展水电规划环境影响评价,应设立物种栖息地保护专章,统筹干支流、上下游水电开发与重要物种栖息地保护,合理拟定栖息地保护范围。

　　3)统筹规划主要生态环境保护措施。应结合流域生态保护要求、河流开发规划、梯级开发时序、开发主体以及生态环境敏感保护对象情况,统筹梯级电站生态调度、过鱼设施、鱼类增殖放流和栖息地保护等工程补偿措施的布局和功能定位。应根据规划河段生态用水需求,初拟相关电站生态流量泄放要求;结合梯级电站特点和鱼类保护需要初拟过鱼方式;统筹考虑梯级电站的增殖放流,增殖放流应与栖息地保护相结合,保障增殖放流效果。依据河流水域生境特点,总体明确各河段放流对象。对涉及生态环境敏感保护对象的梯级,应根据规划开发时序研究提出保护措施。

　　4)强化水电规划及规划环评的指导约束作用。水电规划和规划环境影响评价是河流水电开发的依据,各级发展改革委(能源局)在审批流域水电规划时应充分采纳环境保护部门审查的规划环评意见。项目建设时应与流域规划环境保护措施相协调,已明确作为栖息地保护的河流、区域不得再进行水电开发;建设项目落实环境保护措施应依据规划环评报告及审查意见,确保实现规划的环境保护总体目标。

(2)水电项目建设应严格落实生态环境保护措施

应统筹安排各阶段环境保护措施的设计、建设和运行,保证各项环境保护措施设计符合规范要求,及时建设落实并发挥作用确保安全。

对环评已批复、项目已核准(审批)的水电工程,经回顾性研究或环境影响后评价,确定须补设或优化生态流量泄放、水温恢复、过鱼等重要环境保护措施的,应按水电工程设计有关变更管理的要求履行相关程序后实施。设计变更工作应开展专题研究,必要时进行模型试验以保障工程安全和稳定运行。

1)合理确定生态流量,认真落实生态流量泄放措施。应根据电站坝址下游河道水生生态、水环境、景观等生态用水需求,结合水力学、水文学等方法,按生态流量设计技术规范及有关导则规定编制生态流量泄放方案。方案中应明确电站最小下泄生态流量和下泄生态流量过程。此外,还需确定蓄水期及运行期生态流量泄放设施及保障措施。在国家和地方重点保护、珍稀濒危或开发区域河段特有水生生物栖息地的鱼类产卵季节,经论证确有需要,应进一步加大下泄生态流量;当天然来流量小于规定下泄最小生态流量时,电站下泄生态流量按坝址处天然实际来流量进行下放。电网调度中应参照电站最小下泄生态流量进行生态调度。生态流量泄放应优先考虑专用泄放设施,与主体工程同步开展设计、施工和运行确保设施安全可靠、运行灵活。

2)充分论证水库下泄低温水影响,落实下泄低温水减缓措施。对具有多年调节的水库和水温分层现象明显的季调节性能水库,若坝下河段存在对水温变化敏感的重要生态保护目标时,工程应采取分层取水减缓措施;对具有季调节性能以下的水库,应根据水库水温垂向分布和下游水温变化敏感目标,充分论证下泄水温变化对敏感目标的影响,如存在重大影响,应采取分层取水减缓措施。

3)科学确定水生生态敏感保护对象,严格落实栖息地保护措施。水电工程应结合栖息地生境本底、替代生境相似度和种群相似度,编制栖息地保护方案,明确栖息地保护目标、具体范围及采取的工程措施,并在水电开发同时落实栖息地保护措施,保护受影响物种的替代生境。项目环评审批前,应配合地方人民政府相关部门制定栖息地保护规划方案,并请相关地方人民政府出具承诺性文件。

4)充分论证过鱼方式,认真落实过鱼措施。水电工程应结合保护鱼类的重要性、受影响程度和过鱼效果等综合分析论证采取过鱼措施的必要性和过鱼方式。水电工程采取过鱼措施应深入研究有关鱼类生态习性和种群分布,综合考虑地形地质、水文、泥沙、气候以及水工

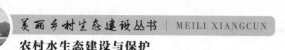

建筑物形式等因素,与栖息地、增殖放流站等鱼类保护措施进行统筹协调,按《水电工程过鱼设施设计规范》(NB/T 35054—2015)要求,经过技术经济、过鱼效果等综合比较后确定过鱼设施形式。现阶段对水头较低的水电建设项目,原则上应重点研究采取仿自然通道措施;对水头中等的水电建设项目,原则上应重点研究采取鱼道或鱼道与仿自然通道组合方式;对水头较高的水电建设项目,应结合场地条件和枢纽布置特性,研究采取鱼道、升鱼机、集运鱼系统或不同组合方式的过鱼措施。应深入开展过鱼设施的技术方案研究,做好鱼道水工模型试验和鱼类生物学试验,落实过鱼设施建设,保证过鱼设施按设计方案正常运行。加强电站运行期过鱼效果观测,优化过鱼设施的运行管理。

5)论证鱼类增殖放流目标和规模,落实鱼类增殖放流措施。应根据规划环评初拟确定的增殖放流方案,结合电站开发时序和建设管理体制,依据放流水域生境适宜性和现有栖息空间的环境容量,明确各增殖站选址、放流目标、规模和规格,做好鱼类增殖放流措施设计、建设和运行工作。放流对象和规模应根据逐年放流跟踪监测结果进行调整。为便于管理和明确责任,鱼类增殖放流站选址原则上应在业主管理用地范围内。要根据场地布置条件,合理进行增殖站布局和工艺选择,保证鱼类增殖放流站在工程蓄水前建成并完成运行能力建设。

6)科学确定陆生生态敏感保护对象,落实陆生生态保护措施。对受项目建设影响的珍稀特有植物或古树名木,通过异地移栽、苗木繁育、种质资源保存等方式进行保护。在生长条件满足情况下,业主管理用地应优先作为重要移栽场地之一。对受阻隔或栖息地淹没影响的珍稀动物,通过修建动物廊道、构建类似生境等方式予以保护。要加强施工期环境管理,优化施工用地范围和施工布局,合理选择渣、料场和其他施工场地,重视表土剥离、堆存和合理利用。要明确提出施工用地范围景观规划和建设要求,大坝、公路、厂房等永久建筑物的设计和建设要与周围景观相协调,施工迹地恢复应根据不同立地条件,提出相应恢复措施和景观建设要求。

(3)建立健全生态环境保护措施实施保障机制

1)建立水电开发与环境保护协调机制。加强部门沟通,协商研究有关水电工程建设和环境保护问题,研究建立环境保护行政主管部门、能源主管部门之间的水电开发与环境保护工作协调机制,在可研阶段对重大事项进行会商。对于特别重要的河流,研究成立流域水电开发环境保护协调领导机构,建立并完善相应的环境保护管理制度,协商水电开发环境保护政策性问题,协调水电规划及项目开发与环境保护的重大问题,商议解决梯级调度与生态调度等重要问题。

2)建立流域水电开发环境保护管理机制。流域水电开发企业原则上应成立统一的流域环境保护管理机构。对多企业进行水电开发的流域,应由主要水电开发企业牵头,联合其他企业成立流域环境保护管理机构,制定行之有效的环境保护管理制度和办法,组织落实并协调流域环境保护措施和相关规划设计及专题研究任务。

3）建立河流生态环境保护资金保障机制。水电开发应坚持开发与保护并重，落实"谁开发、谁保护，谁破坏、谁治理"的原则。应强化工程补偿，坚持动植物栖息地保护、生态修复、水温恢复、过鱼设施、鱼类增殖放流、水土保护等工程性补偿措施到位。水电开发主体单位应落实环保设施建设资金、保障需要，并纳入工程概算；应确保运行期间的环保投入，保障工程环保设施的长期有效运行，促进库区生态建设。探索建立流域水电环境保护可持续管理制度，促进水电开发环境保护实施效果。

4）建立工程技术保障机制。水电工程环境保护措施是工程建设的重要组成部分，各类环境保护措施应遵照相应的技术标准开展设计，确保工程安全和环保措施运行稳定。应逐步完善水电工程环境保护设计规范和技术标准体系，及时修订相关标准。对于与主体工程相关的环境保护措施建筑物应与主体工程同步开展试验研究和设计，考虑工程安全、环保要求、技术经济等多方面因素，综合分析比较确定环境保护措施方案。

（4）加强水电开发生态环境保护措施落实的监督管理

1）加强环境保护措施落实的监督。加强环境保护措施"三同时"监督管理工作，建立动态跟踪管理系统，建设单位应定期向环评审批部门报告工程重要进度节点及环境保护措施落实情况，环评审批部门不定期进行检查或巡视。依据规划环评及项目环评要求，严格按照建设项目管理程序分预可研、可研、招投标和技术施工阶段开展重要环境保护措施设计工作，报行业技术审查单位审查并抄送环评文件审批部门。建设单位应在环境保护措施建设前确定环境监理单位，环境监理单位应将环境保护设施的建设进度、质量和运行情况作为监理工作重点，及时上报建设单位，并与地方环境保护行政主管部门形成联动。环境保护行政主管部门应采用定期检查和不定期巡视等方式对水电建设过程中主要生态环境保护措施的"三同时"落实情况进行检查，发现问题及时要求整改落实，并报上一级主管部门，对情节严重的依法惩处。

2）加强环境保护措施验收管理。在水电建设项目建设过程中应及时开展项目环境保护工作阶段性检查和验收工作，工程总体验收前应及时开展竣工环境保护验收工作，并把环境保护措施的落实情况作为检查和验收重点。其中栖息地保护、生态流量泄放、水温恢复、过鱼设施、鱼类增殖放流等主要环境保护措施的落实情况应作为竣工环境保护验收的重要内容，确保环境保护措施按要求建成并投入运行。环境保护措施落实不到位的应及时进行整改，蓄水后会严重影响环境保护措施实施的工程，必须在整改落实后才能进行蓄水。水电建设项目的主要环境保护工程，应纳入能源主管部门组织的水电工程安全鉴定和验收范围，确保主要环境保护工程的设计、施工及运行安全满足工程要求。

3）加强环境保护措施运行监督管理。项目开发主体应确保各项环境保护措施的正常运行，并达到项目审批要求的功能和效果。应做好生态环境监测工作，按照环评要求构建生态环境监测体系,长期跟踪观测库区和坝下水温、水文情势变化以及鱼类关键栖息地的生境条件变化,动态开展鱼类增殖放流、过鱼导鱼、生态修复等措施实施效果监测。建立项目环境保护设施运行监测成果报告制度,项目开发主体应每半年编制电站环境保护设施运行简报,总结分析各项设施的运行及效果情况,提出存在的问题和改善运行效果的措施计划。简报应报送环境保护行政主管部门和能源主管部门。环境保护行政主管部门应加强对环境保护设施运行的监督抽查,及时提出整改意见。

4)适时开展水电开发环境影响回顾性评价和后评价。对水电规划较早、未开展规划环评的主要河流,河流开发主体应编制水电开发环境影响回顾性评价,环境保护行政主管部门会同能源主管部门审查并联合印发审查意见;省级环境保护行政主管部门组织环境影响回顾性评价审查的审查意见应报环境保护部备案。河流水电开发环境影响回顾性评价应将已建电站主要环境影响复核和环境保护措施效果分析作为重要的研究内容。水电建设项目运行满 5 年,应按要求开展环境影响后评价工作,重点关注工程运行对环境敏感目标的影响,及时调整补充相应的环保措施。

4.2.3.2　小水电站清理整改及其保障对策

（1）分类整改落实

1)退出类,位于自然保护区核心区或缓冲区内的(未分区的自然保护区视为核心区和缓冲区);自 2003 年 9 月 1 日《中华人民共和国环境影响评价法》实施后,未办理环评手续、违法开工建设且生态环境破坏严重的;自 2013 年以来,未发电且生态环境破坏严重的;大坝已鉴定为危坝,严重影响防洪安全,重新整改又不经济的;县级以上人民政府及其部门文件明确要求,退出而未执行到位的,列入退出类原则上应立即退出。其中位于自然保护区核心区或缓冲区内,但在其批准设立前合法合规,建设、不涉及自然保护区,核心区和缓冲区,且具有防洪、灌溉、供水等综合利用功能,又对生态环境影响小的可以限期(原则上不得超过 2022 年)退出。

退出类电站应部分或全部拆除,要避免造成新的生态环境破坏和安全隐患。除仍然需要发挥防洪、灌溉、供水等综合效应的电站外,其他的均应拆除拦河闸坝,封堵取水口,消除对流量下泄、河流阻隔等影响;未拆除的应对其进行生态修复,通过修建生态流量泄放设施、监测设施以及必要的过鱼设施等,减轻其对流量下泄、河流阻隔等的不利影响。要逐站明确退出时间,制定退出方案,明确是否补偿以及补偿标准、补偿方式等,必要时应进行社会风险评估。

2)保留类,同时满足以下条件的可以保留:一是依法依规履行了行政许可手续;二是不涉及自然保护区核心区、缓冲区和其他依法依规应禁止开发区域;三是满足生态流量下泄要求。

3)整改类,未列入退出类、保留类的列入整改类。对审批手续不全的由相关主管部门,根据综合评估意见以及整改措施落实情况等,指导小水电业主完善有关手续。依法依规应处罚的,应在办理手续前依法处罚到位。对不满足生态流量要求的,主要采取修建生态流量泄放设施、安装生态流量监测设施、生态调度运行等工程措施和非工程措施,保障生态流量。对存在水环境污染或水生生态破坏的,采取对应有效的水污染治理、增殖放流以及必要的过鱼等生态修复措施。要逐站制定整改方案,明确整改目标、措施。小水电业主要按照经批准的整改方案严格整改,整改一座销号一座。

(2)严控新建项目

各地要依法依规编制或修订流域综合规划及专项规划,并同步开展规划环评,合理确定开发与保护边界。除与生态环境保护相协调的,且是国务院及其相关部门、省级人民政府认可的脱贫攻坚项目外,严控新建商业开发的小水电项目。坚持规划、规划环评和项目联动对小水电新建项目严格把关,不符合规划及规划环评、审批手续不全的一律不得开工建设。对已审批但未开工建设的项目全部进行重新评估。

1)围绕落实水电站生态流量开展创建。

各地在创建过程中,要引导小水电站完善泄放设施,开展生态流量监测监控,推动生态调度运行,并将生态流量管理纳入日常运行管理中,切实保障生态流量。水电站应重点申报生态流量泄放和监测设施运行情况、厂坝间自然河段的生态流量保障情况,上传能清晰反映生态流量得到有效落实的视频材料。已创建的绿色小水电站应当全面开展生态流量的监测与监控工作,监控必须符合主管部门监督管理要求。今后绿色小水电站有效期满延续时,将依据生态流量的实际监测监控数据进行复核。

2)规范程序严格标准,确保创建工作取得实效。

绿色小水电站社会影响大,群众期待高,必须经得起公众监督和历史检验。要督促指导水电站业主严格按照绿色水电管理信息系统的内容及格式要求申报、上传材料;要做好申报材料审核、现场检查、公示报批等初验工作,并严格按照时间节点要求将初验材料上传到绿色水电管理信息系统。水利部绿色小水电站评定委员会办公室将适时对省级初验成果进行抽查。各地要相互学习借鉴出台具有本地特色的绿色小水电扶持政策,引导广大小水电站积极创建。要探索以河流或县级区域为单元,组织开展绿色小水电站创建工作,努力打造一批绿色小水电站教育基地。

(3)保障对策

1)高度重视,精心组织。

各地要认真贯彻落实习近平总书记关于长江经济带发展的重要讲话精神和国务院领导批示要求,切实提高政治站位,主动扛起长江经济带生态环境保护的政治责任,增强落实"把修复长江生态环境摆在压倒性位置"指示要求的思想自觉和行动自觉,加强组织领导,周密安排部署,把小水电清理整改工作抓实抓好。

2)明确责任,加强指导。

小水电数量多、情况复杂,水利、发展改革、生态环境、能源等相关部门要组成联合工作

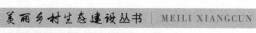

组,进一步明确各部门责任,逐级压实责任,层层传导压力。要指导市县将省级实施方案确定的目标任务分解落实,按照"一站一策"要求明确整改措施、时限、责任人和资金,确保整改到位。

3)强化监督检查,严格考核问责。

各地要将清理整改纳入河长制、湖长制工作内容和考核体系。加强对小水电清理整改工作的指导,发现问题及时处理。对整改难度大、问题突出的要挂牌督办。对责任不落实、监管不到位、进展缓慢或敷衍塞责、弄虚作假等问题要通报批评、公开约谈;对情节严重的要严肃问责追责。要主动向社会公开清理整改工作情况,接受人民群众监督。

4.2.3.3 《关于加强长江经济带小水电站生态流量监管的通知》(水电〔2019〕241号文)

（1）总体目标

坚持"生态优先、绿色发展"的原则,组织开展小水电站生态流量确定、泄放设施改造、生态调度运行、监测监控等工作,切实加强长江经济带小水电站(单站装机容量5万kW及以下)生态流量监督管理,尽快健全保障生态流量长效机制,力争在2020年底前全面落实小水电站生态流量。

（2）科学确定小水电站生态流量

应当根据《水利水电建设项目水资源论证导则》(SL 525—2011)、《水电水利建设项目河道生态用水、低温水和过鱼设施环境影响评价技术指南(试行)》、《河湖生态环境需水技术规范》(SL/Z 712—2014)、《水电工程生态流量计算规范》(NB/T 35091—2016)等技术规范,在满足生活用水的前提下,统筹考虑生产、生态用水需求,结合河流特性、水文气象条件和水资源开发利用现状,确定生态流量。确定生态流量时应当体现流量过程,反映河道天然来水丰枯变化。

小水电站的生态流量,按照流域综合规划、水能资源开发规划等规划及规划环评,项目取水许可、项目环评等文件规定执行;上述文件均未作明确规定或者规定不一致的,由有管辖权的水行政主管部门商同级生态环境主管部门组织确定;其中以综合利用功能为主或位于自然保护区的小水电站生态流量,应组织专题论证,征求有关部门意见后确定。

（3）完善小水电站生态流量泄放设施

生态流量泄放设施,必须符合国家有关设计、施工、运行管理相关标准,建设、运营等不得对主体工程造成不利影响。应当按照"因地制宜、安全可靠、技术合理、经济适用"的原则,采取改造电站引水系统、泄洪闸门、溢洪道闸门、大坝放空设施、冲砂设施,增设专用生态泄水设施或生态机组等措施,确保小水电站稳定足额下泄生态流量。

完善生态流量泄放设施,还可在下游受影响河段,因地制宜地采取河床清淤整治,或修建亲水性堤坝、生态跌坎、生态堰坝、过鱼设施等生态修复措施,改善拦河闸坝下游河湖水资源条件,恢复河流连通性,为水生生物营造栖息环境。

生态流量泄放设施建设或改造完工后,小水电站业主可自行组织验收,验收合格且在确保工程安全的前提下,方可投入运行。

（4）做好小水电站生态流量监测监控

小水电站业主是生态流量监测的实施主体,具备条件的小水电站都应开展生态流量监测监控（监视）,相关部门应当加强监督指导。生态流量监测监控设施,包括流量监测设施和数据传输设备,应当安装简单、易于维护,符合水文测报、生态环境监测相关技术标准和监控数据传输规范,具备数据（图像）采集、保存、上传、导出等功能,确保生态流量数据（图像）的真实性、完整性和连续性,并能满足水电站生态流量调度管理和主管部门监督管理需要。

能够实时监测或视频监视的电站,可通过光纤、宽带或无线网络等方式,将数据（图像）传输到政府监管平台备查;不能实时监测或视频监视的,应当保存生态流量连续泄放的图片、视频或监测数据备查,并定期报送至县级水行政主管部门和生态环境主管部门。

各地要建立完善的小水电站生态流量监管平台,确保监测数据（图像）及时准确接收,满足生态流量监管需要。地方监管平台应当按照统一的小水电数据库表结构和标识符要求,存储和传输数据。条件具备后,按相关程序和要求,接入水利部、生态环境部等信息管理系统,实现实时监管和数据共享。

（5）推动小水电站开展生态调度运行

要按照"兴利服从防洪、区域服从流域、电调服从水调"的原则,建立健全干支流梯级水电站联合调度或协作机制,统筹协调上下游水量蓄泄方式,协同解决好全流域生态用水问题。以综合利用功能为主的小水电站,要统筹供水、灌溉用水要求开展生态调度运行。

对枯水期河流水文情势影响大的小水电站,应当改变发电运行方式,推动季节性限制运行。当小水电站取水处的天然来水小于或等于生态流量时,天然来水流量应当全部泄放;当来水小于生态流量与最小引水发电流量之和时,优先保障生态流量,必要时还应当停止发电。

县级水行政主管部门应当会同生态环境部门,以河流或县级区域为单元,于2022年以前对小水电站生态流量泄放情况进行评估,根据河流来水条件和来水过程,结合鱼类、湿地等敏感保护对象的不同时段用水需求,在维护河流生态系统健康的基础上,提出取水许可审批监管和生态调度运行要求。小水电站按此要求优化调度运行方式,合理安排拦河设施的下泄水量和流量过程,重点保障枯水期及鱼类繁殖期等特殊时期下游基本生态用水需要。

（6）建立小水电站生态用水保障机制

小水电站业主应当加强对生态流量泄放设施和监测监控设施的管理、维护,保障其持续正常运行。设施出现异常时,应当立即向具有管辖权的水行政主管部门和生态环境主管部门报告,并限期修复。

各地要加强监管,凡综合评估列为退出类的小水电站,在拆除前应当采取有效措施,切实保障生态流量。

各省级主管部门要推动建立反映生态保护和修复治理成本的小水电上网电价机制,更好地运用经济杠杆,推动水电站修复、治理和保护水生态;安排专项资金用于小水电站生态流量确定、泄放设施或生态修复方案设计、生态流量监管平台建设维护、生态调度相关技术方案研究等。鼓励更多的小水电站提高绿色发展能力、惠及民生能力和标准化管理水平,创建为绿色小水电站。要积极总结生态流量监管经验,树立典型,以喜闻乐见、通俗易懂的方式,形象展示水电站生态用水保障成效,盈造良好的舆论氛围。

(7)强化小水电站生态流量监督管理

各级水行政主管部门和生态环境部门,应当依据各自职责,加强对小水电站落实生态流量的监管。要将小水电站生态流量监督管理纳入河湖长制工作范围和考核内容,建立水电站保障下游生态用水安全情况定期检查制度,制定重点监管名录,提出重点监管要求。要严格取水许可监督管理和建设项目环评审批,将小水电站按要求泄放生态流量作为取水许可审批和监管、项目环评审批和流域水环境保护监管的重要条件,确保小水电站持续将生态流量落实到位。对未按要求足额稳定泄放生态流量或按时报送生态流量监测监控数据的小水电站,依法依规督促限期改正,逾期不改正的报送河湖长,必要时建议电网限制或禁止其发电上网。主管部门应当定期公开小水电站生态流量泄放情况,加大对违规项目的曝光力度,鼓励和支持社会公众监督小水电站生态流量泄放情况。

4.2.3.4 《农村水电建设项目环境保护管理办法》(水电〔2006〕274号文)

第一章 总则

第一条 为加强农村水电建设项目环境保护管理,坚持在保护生态基础上有序开发水电,促进农村水电建设与环境的协调发展,根据《中华人民共和国水法》《中华人民共和国环境影响评价法》和《建设项目环境保护管理条例》,制定本办法。

第二条 本办法所称环境影响评价,是指对农村水电项目建设实施后可能造成的环境影响进行分析、预测和评估,提出预防或者减轻不良环境影响的对策和措施,跟踪监测的方法与制度。

报环境保护行政主管部门审批的农村水电建设项目的环境影响报告书(表),必须事先经同级水行政主管部门预审。

第三条 国务院水行政主管部门负责指导全国农村水电建设项目的环境影响评价预审和相关的环境保护监管工作。

各流域管理机构,各省、自治区、直辖市水行政主管部门按照河道管理权限,负责相关农村水电建设项目环境影响评价预审工作。并依据有关法律、行政法规和本办法对辖区内农村水电建设环境保护实施监督管理。

第二章 环境影响评价预审

第四条 农村水电站建设项目在审批或核准前应编制并报批环境影响报告书,单独审批或核准的农村水电站配套电网工程应编制并报批环境影响评价报告表。

对处于非环境敏感区的单机容量小于 1000kW 的农村水电站建设项目,可只编制环境影响报告表。

第五条　实行审批制的农村水电建设项目,建设单位应当在报送可行性研究报告前完成环境影响评价文件的预审。

实行核准制的农村水电建设项目,建设单位应当在提交项目核准申请报告前完成环境影响评价文件预审。

第六条　农村水电站工程建设环境影响报告书应按照《农村水电站工程环境影响评价规程》(SL 315—2005)、《环境影响评价技术导则水利水电工程》(HJ/T 88—2003)及其他有关规程规范要求编制。单项环境影响评价工作等级,可参照《环境影响评价技术导则》有关内容确定。

农村水电建设项目环境影响报告书应当包括下列内容:

(一)工程项目概况;

(二)项目区周围环境现状调查与评价;

(三)项目对环境可能造成影响的分析;

(四)环境影响识别和筛选;

(五)环境影响预测和评估;

(六)环境保护对策措施及其技术、经济论证;

(七)环境监测和管理的建议;

(八)环境保护投资估算;

(九)环境影响的经济损益分析;

(十)对有关单位、专家和公众意见采纳或不采纳的说明;

(十一)环境影响评价的结论。

环境影响报告表编制程序和内容根据工程实际可适当简化。

第七条　农村水电建设项目环境影响评价文件中的环境影响报告书(表),必须由依法取得相应环境影响评价资质的机构编制。该机构应按照资质证书规定的等级、评价范围,开展农村水电建设项目环境影响评价工作,并对评价结论负责。

第八条　水行政主管部门应当自收到农村水电建设项目环境影响报告书之日起 20 个工作日内,收到农村水电建设项目环境影响报告表之日起 15 个工作日内,提出同意或者不同意的预审意见,由建设单位按有关规定报有审批权的环境保护行政主管部门审批。

第九条　农村水电建设项目的环境影响评价预审原则上采取预审会的形式,聘请包括环保专家在内的 5 名以上的专家组成专家组,对环境影响报告书(表)进行评审并形成专家组评审意见。根据专家组评审意见,形成水行政主管部门预审意见。

建设单位在取得农村水电建设项目环境影响评价预审意见书后,即可按有关规定报环境保护行政主管部门审批。

第十条　农村水电建设项目环境影响报告书（表）经批准后，建设项目的性质、规模、地点、采用的施工工艺发生重大变动或者超过5年后开工建设的，应当重新办理预审手续。原预审部门应当自收到新报送的环境影响评价文件之日起10个工作日内，将预审意见书面通知建设单位。

第十一条　水行政主管部门对农村水电建设项目环境影响评价预审不收取任何费用。

第十二条　农村水电建设项目环境影响评价文件未经规定的水行政主管部门预审和环境保护主管部门审批，任何项目不得申报审批和核准，更不得擅自开工建设。

第三章　环境保护设施与管理

第十三条　农村水电建设项目需要配套建设的环境保护设施，必须执行与主体工程同时设计、同时施工、同时投入使用的"三同时"制度。

第十四条　农村水电建设项目的初步设计，应当按照现行水利水电工程环境保护设计规范及其他有关技术规范要求，编制环境保护篇章。

对于农村水电站建设项目，依据经批准的建设项目环境影响报告书（表），在环境保护篇章中不仅要落实防治环境污染和生态破坏的措施，还要明确工程投产运行后确保河流健康生态的运行调度方式，以及环境保护工程设施的投资概算。

第十五条　水行政主管部门按规定组织农村水电建设项目的初步设计审查，环境保护篇章不符合规定要求不得通过审查。

第十六条　农村水电建设项目环境保护设施施工图设计按批准的初步设计文件及其环境保护篇章所确定的措施和要求进行。

第十七条　农村水电建设项目施工环境保护，应落实环境影响评价和初步设计中对废水、废气、固体废物和噪声控制、生态保护、人群健康保护、施工环境管理与监测等方面的环境保护措施。

第十八条　农村水电建设项目竣工后，建设单位应向审批建设项目环境影响报告书（表）的环境行政主管部门、参加预审和主持初步设计审批的水行政主管部门，申请环境保护设施竣工验收。验收合格后方可正式投入运行。

第十九条　分期建设、分期投入生产或者使用的农村水电建设项目，其相应的环境保护设施可分期验收。

第二十条　各级水行政主管部门按照相应的管理权限，依法对建设和运行的农村水电项目环境管理和保护情况进行监督检查。

第四章　附则

第二十一条　本办法由水利部负责解释。

第二十二条　本办法自发布之日起施行。

4.2.3.5　《水利部关于推进绿色小水电发展的指导意见》(水电〔2016〕441号文)

一、充分认识发展绿色小水电的重要意义

小水电是重要的民生水利基础设施和清洁可再生能源。党中央、国务院历来高度重视小水电工作,大力支持和推动新农村水电电气化县建设、小水电代燃料生态保护工程建设和农村水电增效扩容改造,已建成的小水电在解决无电缺电地区人口用电,促进江河治理、生态改善、环境保护、地方社会经济发展等方面作出了重要贡献。同时也要看到,一些地区小水电规划、设计、建设、运行和管理等还存在不少薄弱环节,以绿色发展为导向的激励与约束机制有待进一步建立。

发展绿色小水电,是贯彻"创新、协调、绿色、开放、共享"发展理念、落实中央能源战略的迫切需要;是积极应对气候变化、维护国家生态安全的重要举措;是坚持人水和谐、推进水生态文明建设的必然选择;是加快转变小水电发展方式、实现提质增效升级的内在要求。要充分认识推进绿色小水电发展的重要性和紧迫性,将其作为一项重要的基础性工作来抓,切实增强责任感和使命感,主动适应新形势、新任务、新要求,全面落实相关政策,着力创新体制机制,推动小水电持续健康发展。

二、推进绿色小水电发展的总体要求

(一)指导思想。全面贯彻党的十八大和十八届三中、四中、五中、六中全会精神,深入学习贯彻习近平总书记系列重要讲话精神,全面落实"创新、协调、绿色、开放、共享"发展理念和"节约、清洁、安全"能源发展战略方针,坚持开发与保护并重,新建与改造统筹,建设与管理统一。通过科学规划设计、规范建设管理、优化调度运行、治理修复生态、创新体制机制、强化政府监管等措施,建设生态环境友好、社会和谐、管理规范、经济合理的绿色小水电站,维护河流健康生命。

(二)基本原则。一是坚持生态优先,科学发展。妥善处理小水电开发与河流生态保护的关系,实现小水电规划、设计、建设、运行与管理各阶段全过程的绿色化。二是坚持因地制宜、分类推进。充分考虑各地实际,新建电站要严格按照绿色小水电标准建设,不欠新账;已建电站要通过改造逐步达到绿色小水电标准,多还旧账。三是完善政策、创新机制。制定绿色小水电建设扶持政策,依法加强对小水电站全面落实绿色发展要求的监管。四是政府引导、多方参与。政府制定绿色标准,完善制度措施,水电站业主履行主体责任,社会组织和公众参与并发挥监督作用。

(三)总体目标。到2020年,建立绿色小水电标准体系和管理制度,初步形成绿色小水电发展的激励政策,创建一批绿色小水电示范电站。到2030年,全行业形成绿色发展格局,小水电规划设计科学合理,建设管理规范有序,调度运行安全高效,综合利用水平明显提高,生态环境保护措施严格落实,绿色发展机制不断完善,河流生态系统稳定、生态系统服务功能良好,绿色小水电理念深入人心。

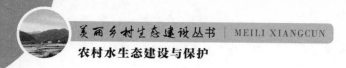
三、推进绿色小水电发展的重点任务

（四）强化规划约束，优化开发布局。新建、改造小水电站必须遵循已批准的区域空间规划、流域综合规划、河流水能资源开发等规划。河流水能资源开发规划要以绿色发展理念为指导，开展规划水资源论证，合理布局小水电项目，与当地水资源承载能力相适应。对国家级自然保护区及其他具有特殊保护价值的地区，原则上禁止开发小水电；在部分生态脆弱地区和重要生态保护区，严格限制新建小水电；原则上限制建设以单一发电为目的的跨流域调水或长距离引水的小水电。组织开展河流水能资源开发规划回顾性评价或后评价，按照河流功能要求，调查评估小水电开发布局、开发规模、开发方式、建设运行等情况，优化调整老旧电站。

（五）科学设计建设，倡导绿色开发。小水电设计、建设应当满足河流生态环境保护要求，尽可能减少对水文情势、河流形态和生物生境等的影响。因地制宜建设水利风景区、湿地公园、亲水平台等，实现电站与周边环境和谐统一。按照生态环境保护要求，建设过鱼道、鱼类增殖放流站等设施或使用鱼类友好的水轮机。小水电项目的水土保持及环境保护措施要与主体工程同时设计、同时施工、同时投产使用。库容较大的水电站初期蓄水时，应选择合理时机和生态友好的蓄水方案。

（六）实施升级改造，推动生态运行。以河流为单元，保障小水电站厂坝间河道生态需水量，改造或增设无节制的泄流设施、生态机组等；修建亲水性堤坝等，改善引水河段厂坝间河道内水资源条件，保障河道内水生态健康；整治小水电站内外部环境，妥善处理坝前拦污栅前的垃圾和漂浮物，防止二次污染。按照兴利服从防洪、区域服从流域、电调服从水调的原则，科学制定和实施水电站调度运行方案。对枯水期河流水文情势影响大的水电站，改变发电调度方式，推动季节性限制运行。对于无法修复改造的小水电站，要逐步关停或退出。

（七）健全监测网络，保障生态需水。新建小水电站的生态用水泄放设施与监测设施，要纳入小水电站主体工程同步设计、同步施工、同步验收；已建小水电站要逐步增设生态用水泄放设施与监测设施。各地要加强对小水电站生态用水泄放情况监管，建立生态用水监测技术标准，明确设备设施技术规格，统一监测信息传递规约，按照先易后难的原则，逐步建立小水电站生态用水监测网络。

（八）推动梯级协作，发挥整体效益。运用流域水文测报信息和水情预报成果，引导建立流域梯级协作机制。鼓励流域下游与上游通过联合经营、统一调度，统筹各梯级水电站的发电、防洪、供水、灌溉功能，保障生态需水量全流域持续下泄，不断改善河流生态，最大限度发挥流域梯级水资源开发保护整体效益。引导建设流域梯级水电站群集中控制系统，鼓励流域梯级电站统一运行与维护。

（九）完善技术标准，搞好示范引领。以绿色发展理念推动修订小水电规划、设计、施工、运行、安全和管理等现行技术标准。将生态需水泄放与监测措施、生态运行方式等规定作为强制性条文,纳入小水电站可行性研究报告编制规程、初步设计规程等规范。颁布《绿色小水电评价标准》,组织开展绿色小水电示范电站创建活动。

(十)加快技术攻关,推进科技创新。通过自主研发、优化设计、新技术运用等形式,消化吸收国内外水电建设新技术、新工艺和新材料。开展绿色小水电关键技术攻关,加快科技创新成果转化,解决绿色小水电发展中的工程技术困难。积极开展成熟适用的绿色小水电技术示范推广,研究探索水光、水风等互补发电技术,按照"互联网+技术服务"的要求建设智慧小水电。

四、推进绿色小水电发展的保障措施

(十一)严格项目准入。将生态安全、资源开发利用科学合理等作为新建小水电项目核准或审批的重要依据。对于资源开发利用不合理、取水布局不合理、无生态需水保障措施的新建小水电项目,不予核准或审批通过。对于不能满足生态需水泄放要求的新建小水电项目,不得投入运行。

(十二)依法监督检查。要按照绿色小水电发展要求,加强对小水电站贯彻落实法律法规、标准规范情况的监督检查,重点对枯水期小水电站厂坝间河段生态需水保障情况进行监督检查。对于已建成但无法满足生态需水要求的小水电站,要限期整改到位。

(十三)强化政策引导。要积极争取各级财政对绿色小水电发展给予支持。推动建立充分反映生态环境保护和修复治理成本的小水电上网电价机制。结合各地实际,合理补偿以生态环境保护为目的进行季节性限制运行的小水电站的发电损失。

(十四)增强公众参与。完善绿色小水电发展公众参与和监督机制。小水电站生态需水监测数据等信息应依法公开,保障公众知情权,维护群众环境权益。在绿色小水电示范电站创建活动中,有序增强社会组织和公众参与力度。

(十五)加强组织领导。发展绿色小水电是一项系统工程,要建立多部门参加的联合监管机制,按照职责分工,各级水行政主管部门应密切与各有关部门的协调配合,研究解决绿色小水电发展问题,创新政策措施,积极安排部署,认真督促检查,确保落实到位。要加强绿色小水电宣传,鼓励社会力量参与绿色小水电发展工作。

4.2.3.6　《关于有序开发小水电切实保护生态环境的通知》(环发〔2006〕93 号文)

小水电是清洁的可再生能源。近年来,各地积极发展小水电,对解决广大农村及偏远地区的用电需求,缓解电力供需矛盾,优化能源结构,改善农村生产生活条件,促进当地经济社会发展发挥了重要作用。但是,在小水电快速发展的同时,不少地区也出现了规划和管理滞后、滥占资源、抢夺项目、无序开发、破坏生态等问题。一些项目未履行建设程序及环境影响评价审批手续即擅自开工建设,施工期间未落实环境保护措施,造成水土流失和生态破坏;一些项目在设计和运行中未充分考虑和保障生态用水,造成下游地区河段减水、脱水甚至河床干涸,对上下游水生生态、河道景观及经济生活造成了不利影响。

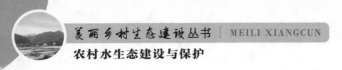

为深入贯彻落实《国务院关于落实科学发展观加强环境保护的决定》和《国民经济和社会发展十一五规划纲要》,加强小水电资源的合理开发利用和保护,防止不合理开发活动造成生态破坏,切实保护和改善生态环境,现通知如下:

一、做好小水电资源开发利用规划,依法实行规划环境影响评价

各省级发展改革部门要会同有关部门,根据本地区小水电资源禀赋、环境容量、生态状况和经济发展需要,结合生态功能区划,按照"统筹兼顾、科学论证、合理布局、有序开发、保护生态"的原则,组织编制小水电资源开发利用规划,确定重点开发、限制开发和禁止开发的区域,并按规定程序审批。要进一步强化规划对小水电建设的指导作用,增强规划的约束力和权威性。在规划编制过程中,要充分发扬民主,做好与相关规划的衔接与协调、公众参与和专家论证等工作,增强规划的科学性和可操作性。对环境承载能力较强的地区,可对小水电资源进行重点开发;对部分生态脆弱地区和重要生态功能区,要根据功能定位,对小水电资源实行限制开发;对国家级自然保护区、国家重点风景名胜区及其他具有特殊保护价值的地区,原则上禁止开发小水电资源。

编制或修改小水电资源开发利用规划,必须依法进行环境影响评价,对规划实施后可能造成的环境影响进行分析、预测和评估,提出预防或减缓不良环境影响的对策和措施。未进行环境影响评价的开发规划,规划审批机关不予审批。未列入规划的小水电建设项目,以及未开展环境影响评价的规划中的小水电建设项目,环保部门不予审批项目环境影响评价文件,发展改革部门不予审批或核准。

二、严格小水电项目建设程序和准入条件,加强环境影响评价管理

小水电开发建设项目必须严格按照建设程序报批、核准,规范各项前期工作和审查审批程序。要按照《环境影响评价法》和《建设项目环境保护管理条例》的有关规定,进行环境影响评价。处于环境敏感区和单机装机容量在1000～50000kW的小水电项目,应当编制环境影响报告书;处于非环境敏感区和单机装机容量小于1000kW的小水电项目,可以编制环境影响报告表。建设单位在报送可行性研究报告或项目申请报告前,应当完成项目环境影响评价文件报批手续。未取得省级环保部门环境影响评价审批文件的项目,发展改革部门不予核准或审批,建设单位不得开工建设。

小水电项目建设要与当地水资源条件相适应,根据当地生产、生活、生态及景观需水要求,统筹确定合理的生态流量,落实相关工程和管理措施,优化水电站的运行管理,实行有利于生态保护的调度和运行模式,避免电站运行造成下游河段脱水,最大限度地减轻对水环境和水生生态的不利影响。

三、强化后续监管,落实各项生态保护措施

小水电建设要全面推行建设项目法人责任制、招标承包制、建设监理制和竣工验收制。在项目设计、工程建设和运行管理等各个阶段,要高度重视生态保护工作,严格执行建设项目环境保护"三同时"制度,规范工程建设管理各项活动,确保工程质量和安全运行。设计单位在项目设计时,应当依据环境影响评价审批文件,落实各项环境保护措施,并将环保投资纳入工程概算。建设单位应当按照环境影响评价审批文件的要求制定施工期环境监理计划,在施工招标文件、合同中明确施工单位和工程监理单位的环境保护责任,定期向所在地环保部门及项目主管部门提交工程环境监理报告。施工单位应当严格按照合同中的环保要求,落实生态保护措施。

四、扩大公众参与,强化社会监督

对涉及公众环境权益的小水电开发规划和建设项目,规划编制机构和建设单位应当在报批开发规划和建设项目环境影响报告书前,采取便于公众知悉的方式,公开有关开发规划和建设项目环境影响评价的信息,收集公众反馈意见,并对意见采纳情况进行说明。环保部门受理环境影响报告书后,应当向社会公告受理的有关信息,必要时可以通过听证会、论证会、座谈会等形式听取公众意见。

各地要强化对小水电资源的管理,尽快完善小水电资源开发管理的相关法规,实行小水电资源开发权的有序、有偿使用和市场化,建立公平高效的小水电资源市场开发机制。要按照"谁开发谁保护,谁破坏谁恢复,谁受益谁补偿"的原则,探索建立生态补偿机制,积极开展试点。各地要加强在建和拟建小水电项目监督管理,对违规项目,应严肃查处,杜绝无序开发、浪费资源和破坏生态的现象,引导小水电健康发展。

4.3 农村水生生态系统生物多样性保护

4.3.1 水生生物多样性服务功能

水生生物的服务功能可以概括为对人类社会的需求服务和对基础生态系统的服务,后者以间接的方式对人类产生更大的深远影响。

4.3.1.1 对人类社会需求提供重要服务

(1)水生生物重要的经济服务功能,提供产品、水产养殖苗种和就业

我国是水产养殖第一大国,是唯一养殖产量超过捕捞产量的国家,淡水养殖产量超过海水养殖产量。水生生物除了提供主要淡水鱼、虾、贝、蟹等水产品等食品外,水生生物还提供其他的重要工业产品、工业与手工业原料、药材、饰品、饲料、肥料等产品,一些产品或原料所形成的产业是一些地方经济的支柱。

(2)水生生物提供美学价值和娱乐活动

农村水生生物资源为人类提供了美的享受,具有经济价值、生态价值、旅游价值、美观价值,如赏荷采莲活动越来越受人们喜爱。钓鱼是一项健康和具有发展前景的休闲运动,我国在这方面远远落后于发达国家。我国农村水系范围大,水域类型多样,风景优美,有内陆游

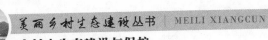
钓的良好场所,具有巨大的开发潜力。目前,由于生活水平的差异和政策措施的相对滞后,农村水域的游钓娱乐活动开发利用程度不是很大。不过,河流和湖泊的垂钓活动也相当普遍。

(3)水生生物提供信息服务

首先是作为水生生物作为健康状况的指示生物和记录器。大量研究表明,着生藻类、无脊椎动物、两栖类、鱼类和水生哺乳动物均是很好的指示生物。采用着生藻类和无脊椎动物监测一些水体的健康状况已经开始实施。两栖类、鱼类和水生哺乳类对环境变化特别敏感,同时具有生物富集效应,是非常好的指示生物,不仅可用于监测水质状况,还可以起到对水域总体生态与环境恶化程度的预警作用。它们机体的污染物残留、种群和群落结构、地理分布变化、营养组成和丰富度可以监测生态与环境的健康状态及其变化,是水质监测所不及的(因为水质仅仅是生态与环境健康状况的指标之一,同时主要反映当前的状况)。对于大型长寿命动物,如鲟、豚,其种群结构和分布、机体污染物残留等可以对生态与环境的中长期变化进行评价预测,起到生物记录器的作用。中华鲟属于大范围迁徙物种,20多年的研究发现,其性比失调,雄性逐年减少,最近发现其体内人工合成的内分泌物较高,并随着年龄递增,预示长江和近海境污染较严重。在过去的10年中,长江白鱀豚由濒危转为即将绝迹,江豚种群也急剧下降,这种种群的急剧衰退或消亡除了与水上船舶运输急剧增长以及人类活动频繁有关外,也从另一个侧面反映了长江总体健康状况有不断恶化的趋势。其次是提供仿生学和生物进化等科学信息。在水生生物中,许多为孑遗物种,特有度高,对研究生物地理、物种进化和地质变迁具有重要的科学价值。同时,对水生生物区系与其他大陆或岛屿区系的比较研究,是研究生物进化和地质变迁的重要途径。水系生态与环境复杂多样,导致水生生物形成了特殊的适应机制,包括特殊的形态、生理、生化和行为,这些均为仿生学提供非常有价值的信息。例如,长江豚类的超声波系统,其定位的精准恐怕是现代所有的超声波仪器或装置所不及的。长江鱼类在环境极端复杂的急流中交配、迁移、捕食等的通信、定位机制,是困扰科学工作者的谜。例如,中华鲟,如何能找到长江入口,又如何在上溯超过300km的长途跋涉中只行于干流,又如何在浑浊的江水中找到配偶并进行交配,以及长达15个月以上不摄入外源营养的节能机制等,均是仿生学的研究课题。

4.3.1.2　不可替代的基础生态系统服务功能

淡水水生生物是淡水生态系统的主体,在维持生态系统的完整性、地球物质和能量循环净化水质、调节气候、保障人类健康等方面具有极其重要的作用,部分还是不可或缺的。

(1)淡水水生生物在物质循环和能量流动中的作用

水生生物是水生生态系统的核心组成部分,在物质循环和能量流动方面承担了"生产者—传递者—还原者"的全过程。

由于水域类型多样,快速流动的上游河流以外源性营养为主;而湖泊等静水或缓流水体,具有较高的初级生产力,在天然条件下以内源性营养为主,其中水生植物和浮游植物及光合细菌为初级生产者,通过食物链的传递成为可供捕获的动物水产品,当然部分初级生产者也可以直接为人类所用。河流的初级生产力相对湖泊低得多,鱼类和水生动物主要依靠集水区内流入的外源性有机营养物完成生长发育。在水流淌的过程中,外源性有机物不断被水生动物消耗。

(2)淡水水生生物在净化水质方面的作用

水生生物对水质有明显的净化作用,其净化作用表现在多个营养层次,如初级生产者水生动物,消费者鲢、鳙,还原者水生微生物和胞外酶。已经证明,水生植物对富营养水体水质具有显著的净化作用,鲢、鳙鱼类用于控制湖泊的富营养化已经得到应用。自然湿地对水质的净化作用机理已经创建了人工湿地的理论和应用示范,国内外已经开始运用人工湿地处理污水问题。

(3)水生生物在降低急病爆发风险中的潜在作用

水生生物多样性的丧失,将导致水生生态完整性的破坏,从而引起一系列的生态、经济和社会问题。水生生物多样性是保证水生生态系统完整性的基础,也对与之相关的陆生和海洋系统生态完整性产生影响。就水生生态系统内部而言,长期自然进化的结果,生物种群之间及生物与非生活环境之间形成了相对平衡稳定的系统,一旦这种系统被打破,可能引起一些流行病(如疟疾等)爆发。例如,长江以食螺为主的青鱼的自然种群消失或濒危,将可能导致螺类的大量爆发,作为以血吸虫为中间寄主的钉螺可能泛滥,引起血吸虫病流行。水生生态系统还与陆生生态系统及海洋生态系统相互联系,水生生物多样性丢失,将引起相应生态系统的失衡。

4.3.2　农村水生生物多样性保护面临的问题

(1)资源的不合理利用与过度开发加速水生生物物种灭绝

长期的围湖造田、围湖养鱼使湖泊面积迅速缩小。与此同时,人类对资源的不合理利用与过度开发,也正在加速着淡水生态系统的退化和生物多样性资源的衰减。在食物需求和经济增长的刺激下,渔业的过度捕捞现象日益严重。过度捕捞导致水生动物资源直接减少,也可能导致资源枯竭或物种濒危,导致生物多样性丧失。在过去的50年内,捕捞渔船由帆船改为机动船只,功率和吨位不断加大,船只数量不断增加,渔具不断改进,捕捞能力已经超出了水生动物的可持续捕捞量,导致了渔业资源的不断下降。灭绝性、破坏性捕捞是许多种鱼类资源衰退的重要原因之一。由于鱼类资源的流动性和公有性等,往往产生单纯为获利而不顾全局,不顾资源可持续利用与长远利益,不惜采用各种毁灭性的渔具渔法。如使用迷魂阵和拦河网、设置鱼桩、筑坝及断溪截流,以及电、毒、炸等毁灭性的渔具渔法等,这种现象在一些河流和湖泊尤为严重。滥捕鱼类的结果必然是破坏种群生态,减少补充群体数量,最终导致资源衰竭。如20世纪50年代极为多见的龟、鳖、蟹类和出现频率较高的稀有种类,如胭脂鱼、鲥鱼、鳗鲡以及白鳍豚、江豚、中华鲟等,现已十分罕见。在湖泊渔业养殖业中,放养鱼种结构不合理,也导致了水生植物大量减少,极大地破坏了湖泊生态系统。如鲢、鳙鱼类的过量放养,导致大型水生植物、浮游藻类和小型浮游动物锐减。加上刈割、采收水生植物资源,使芦苇、苔草、莲、芡、蒌蒿等挺水植物大量减少,最终使水生植物群落结构简单化,生物多样性指数急速下降。同时,水禽资源受到盗猎者的大量捕杀,进一步引发了由于生境缩小而原本就濒危的水禽资源的急速灭绝。据调查,20世纪60年代洪湖水禽年产量32.5万kg以上,到90年代年产量减少了60%,一些经济价值高的雁类和鸭类更是大大减少。

河流湖泊采砂对水生生物的影响是显著的,主要表现在两个方面:一是采砂改变水下地形,破坏了河床结构,影响底栖生物生存,鱼贝类产卵、栖息环境受到影响,破坏水生动物的栖息地或产卵场,如金沙江柏溪白鲟产卵场因采砂而改变,白鲟、中华鲟不复在此产卵;二是采砂改变水力学条件,导致水体浑浊而影响水生生物的生长发育等。河流、湖泊水环境污染导致生物变异和灭绝,河流、湖泊水污染日趋严重,水质污染和水体富营养化对浮游生物、底栖生物等多种鱼类料生物造成严重危害,导致生物体变异,甚至使生活于其中的水生生物濒临完全灭绝的境地。城镇工业废污水与生活污水(如洗涤剂、粪便等)排放造成的集中点源污染是目前各类污染源中最普遍的污染,大量工业和生活废污水排放使河流、湖泊水域受到严重污染。此外,由于农用化肥、杀虫剂、除草剂等的使用造成的非点源污染也日趋严重:①化肥施用量逐年增加,平均每公顷化肥施用量达1200g,远远超过发达国家15kg/hm²的安全上限,而有效利用率平均只有20%～25%;②农药过量使用,利用率只有40%～50%,既污染空气、土壤和农副产品,也造成水体的污染;③养殖业的集约化经营,养殖场大量未经处理、利用的粪便和冲洗粪水,污染周围的空气、土壤和地下水,威胁着近河和湖泊的水环境,湖泊、大中型水库的过量围网养鱼,大量剩余饵料及水产排泄物也加速了水体的高营养化过程。此外,来源于工业品的制造和使用危险农药的过量使用,以及城市生活垃圾焚烧和汽车尾气等的重金属、激素、持久性有机污染物(POPs),在土壤、河湖底部积累以及生物体富集,加速本土生物数量减少,加剧生物体变异,导致当地优势种消失,金属吸附生物种群建立。即使目前将岸上的污染源全部切断,单是淤泥中的污染物也可能使河湖水质持续富营养化。

(3)江湖阻断导致生境破碎、萎缩和丧失

已有研究表明,江河水坝是近百年来造成全球900种可识别淡水鱼类近1/5遭受灭绝、受威胁或濒危的主要原因,将近3/4的德国淡水鱼和2/5的美国淡水鱼受其影响。江河水坝为水中的哺乳动物如南美洲和亚洲豚类的长期生存,制造了不可逾越的障碍,使得原本已经很小的种群进一步破碎为遗传上隔离的集群。如长江中下游在历史上原是干流、支流、浅水湖泊相互连通的网络系统,为鱼类和水中哺乳动物提供了良好的洄游繁衍条件。但是,沿江水利枢纽的兴建导致水域生态系统不断地分割、萎缩,直至丧失,壕坝、闸坝等水利工程隔断江湖的连通性,改变河流的水动力作用和水化学作用,打破原有水生生态系统的生境。如长江中游淡水生态系统由于江湖阻断,导致一些江湖洄游性的鱼类不能顺利完成其生命演化史,包括一些处在顶级生物链的鱼类和哺乳类水生动物,它们不能完成江湖洄游,致使江湖中肉食性和草食性鱼类数量失调,最终使河湖生态系统遭到严重破坏。

(4)水利水电工程等工程建设导致栖息地大幅度丧失或繁殖条件显著改变

水利水电工程导致河流生境消失,原有的栖息地和产卵地的丧失,并导致鱼类洄游受阻、生境的破碎化、基因交流受阻。主要有两个方面:

1)梯级水电开发。

水坝的上游由流水性的流动河流变成相对静止的水库,河流性鱼类的生境大幅度减少,产卵场被水库淹没,生物群落由流水生态型向静水生态型演替,大批在生活史中需要流水生态的水生生物失去了时宜的栖息生境。水坝和水库,阻止了需要洄游的鱼类成体和幼体的上下自由迁移。对于部分大型水利枢纽,在水坝的下游,由于水库的运行调度改变了坝下水文季节节律,影响了坝下游鱼类的繁殖和生长,部分高坝泄水,导致气体过饱和现象,对坝下数百千米河流中鱼类和水生生物产生显著负面影响。

2)江湖阻隔和围垦。

减少了河流、湖泊水生生物的栖息面积,同时导致江湖洄游性鱼类等水生生物的洄游通道丧失,直接导致鱼类等水生生物种类数明显下降。

(5)外来入侵种威胁水生生物物种多样性

外来入侵种主要通过以下方式影响水生生物多样性:①排挤本土生物优势种,建立自身优势种群,破坏当地生态系统和生物多样性;②在农田中大量繁殖,形成害草(水花生)或取食作物根系(克氏原螯虾),威胁作物生长;③破坏水域生态系统,或大量滋生,影响鱼类生长和渔业作业,或取食当地水生生物,导致本地种减少甚至灭绝;④疯长覆盖水面,堵塞航道,影响航运;⑤破坏沟渠,影响农田灌溉,造成水土流失;⑥吸附有毒物质,污染水体,影响人类健康;⑦诱发生物灾害。

外来入侵种的主要来源包括:①饲草饲料引进种;②观赏或宠物养殖业引进种;③水产养殖业引进种。大多数人包括各级人民政府对此还没有对入侵种的严重危害引起足够重视,对有些外来入侵种根本没有有效的防治手段,只能任其发展,危害当地生态系统。如长江中游生态区地处亚热带区域,气候适宜,水体众多,是很多外来物种容易滋生的地方。从目前的状况看,危害较大的水生生物有水葫芦、水花生、克氏原螯虾及一些鱼类。有些即将或可能形成外来入侵种的有清道夫、巴西龟等。如克氏原螯虾(小龙虾)由于人工养殖而进

行引种、杂交等在长江中下游湖泊、池塘与河流已经广泛分布,还在长江下游干流形成优势种群(张网渔获中已排列在渔获量第九位),这个物种具有极其顽强的生命力,是一种耐污染、耐低氧甲壳类,可能对本地甲壳类(如中华绒毛蟹)存在食物和领域竞争。此外,人工养殖引殖的鱼类外来物种多,可能会构成入侵威胁的包括斑点叉尾、6种主要的引进鲟(俄罗斯鲟鱼、西伯利亚鲟、施氏鲟、达乌尔鳇、杂交鲟、匙吻鲟等)、美国红鱼等。这些物种已经在长江天然水域中经常发现,可能与长江的几种鲇、长江中华鲟、胭脂鱼等构成竞争,形成入侵危害。此外,"四大家鱼"人工繁殖苗种逃逸到长江和主动放流到天然湖泊,导致长江天然水系"四大家鱼"可能几乎没有纯野生种可言,这些都可能是影响水生生物多样性丧失的原因,同时对水产养殖的发展带来了潜在威胁。在水生植物入侵种方面,除了水葫芦之外,还有原产地于美国东南部海岸,在美国西部和欧洲海岸归化的互花米草对长江口九段沙自然保护区构成了入侵,造成了该自然保护区植物多样性下降,抑制了底栖动物的生长等,对该自然保护区产生了影响。

(6)大量使用农药使大量水生生物物种灭绝

在现代农业模式下,大范围超量使用化肥、除草剂、杀虫剂、农用薄膜,农村生物多样性出现了塌方式下降。农田里已经基本没有蚂蚱、丽斑麻蜥、屎壳郎、蝈蝈、螳螂、蚯蚓、蛇甚至老鼠等;河流、池塘里,难以寻觅青蛙、蟾蜍、沙里趴(一种鲤科鱼类)、泥鳅、鳖,甚至连乡村池塘、湿地也直接消失了。

农村野生物种消失,罪魁祸首是人类各种有害科技发明。围绕食物链,人造化学物质高达数万种,其中农药、除草剂、农用薄膜、抗生素、转基因技术滥用是造成野生物种消失的最直接原因。为了发展懒人农业,人类发明了化学物质,大量进入农业生态系统,一些来不及适应化学污染的物种,率先消失甚至灭绝。而经过农药等石化物质洗礼的一些害虫与杂草,趁机占领了生态位,变得更难对付。

4.3.3　农村水生生物多样性保护保障措施

(1)建立健全协调高效的管理机制

水生生物物种保护是一项"功在当代、利在千秋"的伟大事业,地方各级人民政府要增强责任感和使命感,切实加强领导,将水生生物资源养护工作列入议事日程,作为一项重点工作和常规性工作来抓。根据《中国水生生物资源养护行动纲要》确定的指导思想原则和目标,结合本地实际,组织有关部门确保各项养护指标的落实和行动目标的实现各有关部门各司其职,加强沟通,密切配合。要不断完善以渔业行政主管部门为主体,各相关部门和单位共同参与的水生生物资源养护管理体系。财政、发展改革、科技等部门要加大支持和投入力度,渔业行政主管部门要认真组织落实,切实加强水生生物资源养护的相关工作,环保、海洋、水利、交通等部门要加强水域污染控制、生态环境保护等工作。

（2）探索建立和完善多元化投入机制

水生生物资源养护工作是一项社会公益性事业，各级财政要在继续加大投入的同时，整合有关生物资源养护经费，统筹使用。同时，要积极改革和探索在市场经济条件下的政府投入、银行贷款、企业资金、个人捐助、国外投资、国际援助等多元化投入机制，为水生生物资源养护提供资金保障。建立健全水生生物资源有偿使用制度，完善资源与生态补偿机制。按照"谁开发谁保护、谁受益谁补偿、谁损害谁修复"的原则，开发利用者应依法交纳资源增殖保护费用，专项用于水生生物资源养护工作；对资源及生态造成损害的，应进行赔偿或补偿，并采取必要的修复措施。

（3）大力加强法制和执法队伍建设

针对目前水生生物资源养护管理工作存在的主要问题，要抓紧制定渔业生态环境保护等方面的配套法规，形成更为完善的水生生物资源养护法律法规体系。不断建立健全各项养护管理制度，为《中国水生生物资源养护行动纲要》的顺利实施提供法制保障。各地要按照国务院有关规定，强化渔业行政执法队伍建设，开展执法人员业务培训，加强执法装备建设，增强执法能力，规范执法行为，保障执法管理经费，实行"收支两条线"管理，努力建设一支高效、廉洁的水生生物资源养护管理执法队伍。

（4）积极营造全社会参与的良好氛围

水生生物资源养护是一项社会性的系统工程，需要社会各界的广泛支持和共同努力。要通过各种形式和途径，加大相关法律法规及基本知识的宣传教育力度，树立生态文明的发展观、道德观、价值观，增强国民生态保护意识，提高保护水生生物资源的自觉性和主动性。要充分发挥各类水生生物自然保护机构、水族展示、科研教育单位和新闻媒体的作用，多渠道、多形式地开展宣传科普活动，广泛普及水生生物资源养护知识，提高社会各界的认知程度，增进人们对水生生物的关注和关爱，倡导健康文明的饮食观念，自觉拒食受保护的水生野生动物，为保护工作创造良好的社会氛围。

（5）努力提升科技和国际化水平

加大水生生物资源养护方面的科研投入，加强基础设施建设，整合现有科研教学资源，发挥各自技术优势。对水生生物资源养护的核心和关键技术进行多学科联合攻关，大力推广相关适用技术。加强全国水生生物资源和水域生态环境监测网络建设，对水生物资源和水域生态环境进行调查和监测。建立水生生物资源管理信息系统，为加强水生生物资源养护工作提供参考依据。扩大水生生物资源养护的国际交流与合作，与有关国际组织、各国政府、非政府组织和民间团体等在人员、技术、资金、管理等方面建立广泛的联系和沟通。加强人才培养与交流，学习借鉴国外先进的保护管理经验，拓宽视野，创新理念，把握趋势，不断提升我国水生生物资源养护工作的国际化水平。

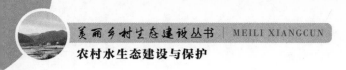

4.4 案例分析

4.4.1 浙江省台州市黄岩区水源地环境保护技术案例

4.4.1.1 案例概况

该工程位于浙江省台州市黄岩区长潭水库库区东北角。黄岩区总面积为 988km²，气候温和湿润，雨量充沛，四季分明，属亚热带海洋性季风气候。年平均气温 17℃，年无霜期 250d 左右，年均降水量 1676mm。

工程设计处理能力为 8 万 t/d。长潭水库供给台州市椒江区、黄岩区、路桥区和温岭市周边 69300hm² 农田的灌溉用水，以及 200 万城乡居民生活用水和数万家企业生产用水。

4.4.1.2 技术原理

该项工程由生态湿地、湿地滨岸带生态系统和浅滩生态修复区 3 部分组成。

（1）生态湿地

人工湿地对有机物具有较强的降解能力，成熟人工湿地系统的填料表面及植物根系生长着相对较为丰富的生物膜。废水流经湿地不溶性有机物通过湿地沉淀、过滤作用从废水中截留下来被生物利用，可溶性有机物通过植物根系生物膜的吸附、吸收和生物代谢降解过程被去除。人工湿地对氮的去除作用主要为基质吸收、过滤、沉淀及氨氮的挥发，植物的吸收，微生物的硝化作用和反硝化作用。人工湿地对磷的去除主要包括基质的吸收过滤、植物的吸收、微生物的去除和物理化学作用等。

（2）湿地滨岸带生态系统

构建以耐湿性乔木为建群种，辅以湿生草本群落的环库区湿地滨岸带陆生生态系统。改善水体与滨岸陆地间的物质能量传递与交流，并且使得两栖动物和水鸟类生境得到恢复。

（3）浅滩生态修复

采用生物净化法，利用微生物分解吸收有机物的功能，通过人工措施创造有利于微生物生长和繁殖的环境，从而提高对污染水体有机物的氧化降解效率，逐渐恢复污染水体的自净能力。

4.4.1.3 工艺流程

1）依照水流流向和水量分配工艺流程见图 4-1。

2）生态湿地强化治理区工艺流程见图 4-2。

3）湿地滨岸带生态系统工艺流程见图 4-3。

4）浅滩生态修复区工艺流程见图 4-4。

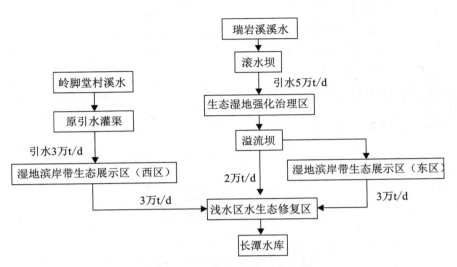

图 4-1　湿地净化技术工艺流程

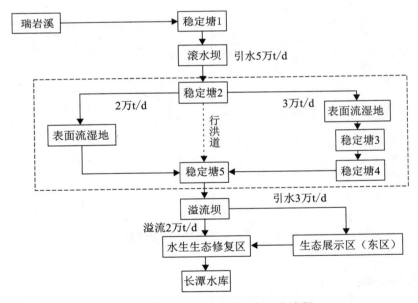

图 4-2　生态湿地强化治理区工业流程

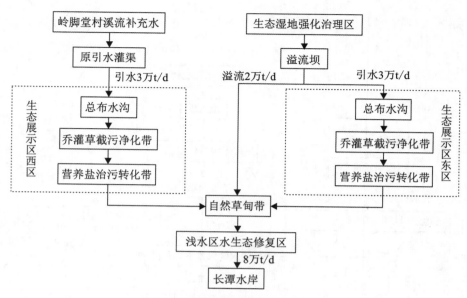

图 4-3　湿地滨岸生态系统工艺流程

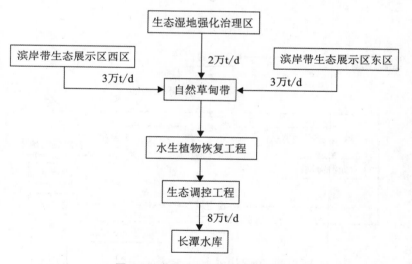

图 4-4　浅滩生态修复区工艺流程

4.4.1.4　主要参数

（1）构筑物

生态湿地工程总占地面积 61 万 m^2，主要分为生态湿地强化治理区、湿地滨岸带生态系统（分东、西两区）、浅滩生态修复区、自然草甸带 4 个区域。其中，生态湿地强化治理区占地面积 10 万 m^2，占湿地总面积的 16.9%；湿地滨岸带生态系统占地面积 12.9 万 m^2（东区 3.8 万 m^2，西区 9.1 万 m^2），占湿地总面积的 21.8%；浅滩生态修复区占地面积 33.5 万 m^2，占湿地总面积的 56.7%；此外，自然草甸带占地面积 4.6 万 m²，占湿地总面积的 7.7%。

（2）设计容量

生态湿地的总水容量约为 50 万 m²，设计总处理量为 8 万 t/d，湿地正常运行时总停留时间约 6.3d。生态湿地强化治理区设计总处理量为 5 万 t/d，总水容量为 5.9 万 m²，系统停留时间为 28h。湿地滨岸带生态展示区设计总处理量为 6 万 t/d，总水容量约为 3.1 万 m²，其中：东区设计总处理量为 3 万 t/d，总水容量约为 1 万 m³，系统停留时间约为 8h；西区设计总处理量为 3 万 t/d（岭脚堂村溪流引水），总水容量约 2.1 万 m²，系统停留时间约为 17h，溢流坝溢流部分水量为 2 万 t/d，直接进入浅水区；浅水区水生态修复区设计总处理量为 8 万 t/d，总水容量为 50.3 万 m³，系统停留时间约为 6.3h。

4.4.1.5　运行维护

（1）植物收割

由于挺水植物主要吸收底泥中的营养盐，而其部分残体又往往滞留湿地内部，矿化分解后会污染水体，应及时收割，防止将吸收的营养物质重新释放到水体中形成二次污染，降低水质净化效果，在每年的 11 月或 3 月须对湿地植物进行收割。

（2）湿地巡视

安排 1～2 名工作人员对湿地进行巡护和监管，制止对湿地环境破坏的行为，一旦发现问题，及时上报上级管理部门。

4.4.1.6　技术特点

投资少，管理简便，污水在湿地填料表面漫流与自然湿地最为接近；水深较浅一般为 0.1～0.6m，湿地充氧效果好。绝大部分有机物的降解是在植物水下茎秆上的生物膜来完成的，净化负荷不高；但北方地区由于冬季温度低，湿地表面会结冰，夏季如果水流缓慢会滋生蚊蝇、散发气味。

4.4.2　福建省农村小水电退出与转型升级试点案例

4.4.2.1　福建省农村小水电现状

福建省是历史悠久的全国著名水电之乡，全省农村水能资源丰富，技术可开发水电站装机容量 1356 万 kW，其中农村水电可开发水电站装机容量 849 万 kW。早在 1930 年，永春县就建成了全省第一座水力发电站。长汀县是全国第一批农村电气化试点县，开辟了福建农村水电建设的先河。结合国家大力发展清洁能源、水电农村电气化建设、小水电代燃料等系列政策水电开发得到多渠道、多层次的鼓励。

截至 2014 年末，福建全省共建成农村水电及水利系统直属水电站 6608 座，装机容量

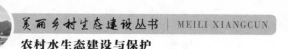
734万kW,平均年发电量242.7亿kW·h。农村小水电装机容量位居全国第三位,占全省水电发电量的63%,占全省电力年发电量的13%。福建省农村水电建设对节能减排,助力贫困山区实现农村电气化发展,带动农村工业化、城镇化,促进县域经济发展,促进山区农民脱贫致富,壮大农村集体经济发挥着不可替代的独特作用。

4.4.2.2 福建省农村小水电存在的主要问题

随着经济社会的发展,小水电问题越发凸显。福建省农村小水电存在以下主要问题:

1)小水电站占比大,装机规模小,站点分布广,老旧电站多,设备设施老化,存在严重安全隐患。福建省水电开发早,2000年以前建成投产的水电站中,1000kW以下5328座,且多位于山区农村。早期建设的农村小水电受当时条件制约,设计施工水平不高,制造工艺落后,安全标准普遍较低。后期运行中因上网电价低、积累资金不足,大部分水电站没有资金进行技术改造。特别是装机容量较小的水电站普遍存在设备陈旧、运行人员年龄老化、员工素质低、无证上岗、安全管理落后等现象。

2)开发程度偏高,部分电站水库调节性能低,丰枯变化大,存在用水矛盾。全省85个县(市、区)中,有67个有水电站。水库调节性能为日调节及以下的水电站装机容量约占总装机容量的52.1%,占水电站总数的86.1%。由于水力资源过度开发和调节性能好的水库电站较少,无法兼顾灌溉、防洪、供水等功能,部分河道存在严重的用水矛盾。

3)水电站对河流生态造成一定的不利影响,生态下泄流量实施困难。早期因充分利用水资源保证水电站经济效益,水电规划和开发利用未考虑下游生态用水需求,特别是一些引水式水电站建成后,滴水不漏造成一些河道减水脱流,严重影响河道生态。水电站实行生态下泄流量,必将减少发电量,发电收入减少。由于要单独承担社会生态成本,业主们普遍不能接受工作,难以推动生态下泄流量,实际执行情况不容乐观。

4)行业监管难度大。全省具有老旧水电站多、小水电站数量多、站点分布广等特点,且农村水电站多数位于山区农村;2000—2007年水电管理职能划归经贸系统,造成县市水利局基层水电管理人员大量流失;水利部门职能上下不统一,行业监管弱化造成监管难以到位,具体问题无法解决。

4.4.2.3 农村小水电退出与转型升级试点县实施情况

实施水电站转型升级,既是推动水生态保护修复的重要措施,也是一项涉及面广、任务重、政策性强的工作。永春县是全国小水电的发祥地,素称"小水电之乡",周恩来总理曾表扬"永春县是全国小水电的一面红旗"。长汀县是水电大县、全国第一批农村电气化试点县。选择这两个县作为农村小水电退出与转型升级试点县具有典型意义。根据调研,两县小水电退出与转型升级实施措施及成果见表4-1。

表 4-1　　　　　　　　　两县小水电退出与转型升级实施措施及成果

实施方面	长汀县	永春县
试点流域	汀江干流上游、涂坊河	桃溪上游
试点流域县级规划	规划建设以汀江为主线、"一江两岸"为纽带的汀江生态经济走廊,着力打造庵杰至新桥段自然保护与生态休闲观光区	综合治理工程坚持"安全水利、生态水利、民生水利、景观水利"的理念,实现"水清、堤固、园靓、路畅、岸绿、房美"的总目标
退出及转型电站成绩	共 13 座水电站作为退出试点。汀江干流上游红旗等 8 座水电站和涂坊镇 3 座水电站实行拆除全退出。涂坊河石门水电站实行限制运行,枯水期一律不发电;涂坊河溪原水电站由发电运行转为生态运行,保证河流生态流量	共退出 15 座,转型升级 2 座,限制性运行 1 座。桃溪流域石玉等 15 座水电站实行退出,有水库调节的五一、五二水电站采用枯水期发电维持河流生态流量,卿园水电站转为生态运行
退出补偿机制	水电站正常发电,厂房、机电设备拦河坝均运行良好,工商注册证照齐全,按装机容量补偿,标准为 4800~5000 元/kW,近五年发电量较少,工商注册证照合法有效的水电站,根据近几年运行情况适当补偿	聘请双方认可的有资质评估单位综合评估水电站资产及收益,出具评估报告,在此基础上双方谈判确定最终补偿价格及相关手续和内容
实施方案	引导和鼓励安全隐患重、效益低、水生态影响大的水电站实施退出	
转型升级补偿机制	根据电量损失计算申请生态电价补偿	
后续配套措施	全退出的水电站一律不发电且机电部分全部拆除,具有灌溉任务的渠道交由乡(镇)村按照水利设施要求管理。机电、坝体拆除部分,鼓励业主交予水利局按标准拆除	相关村镇做好退出水电站的民事协调,明确厂房和水工设施处置、渠道管护移交和改善等工作。发挥政府主导作用,促进各项工作有序开展
退出电站对全县供电影响	退出装机容量占全县总装机容量的 3.8%	退出装机容量占全县总装机容量的 4.3%
增效扩容对全县供电影响	新增装机容量占全县总装机容量的 11.6%	新增装机容量占全县总装机容量的 22.2%

4.4.2.4　实施效果

(1)社会效益、生态效益显著

长汀县水电站退出后可恢复生态河道、减少脱水段共 33.8km。永春县 15 座水电站退出减少 18km 主河道裸露。在水电站运行之前,脱水段几乎没有水,河道失去水流连续性,影响水生态传递。水电站退出或降低挡水坝高程以后,脱水段消失,河道水生态得到连续传递,河道蓄水、保水、养水能力得到提升,流域水利风景区景观达到生态修复、水质改善、环境优化的目的。

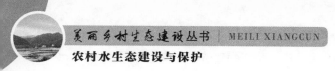

（2）防洪减灾效益明显

改造退出水电站的拦河坝，恢复河道生态流量，有效降低洪水位，减少洪灾损失。2015年"5·19"洪灾中，东坑水电站正处于庵杰乡重灾区。拆除水电站拦河坝体后，该河段洪水位降低2m，东坑水电站上游的村庄、农田免遭暴雨洪水侵袭，庵杰乡前村的燕背自然村安然无恙。据估算，此次洪水至少减少2000万元的经济损失。

（3）消除安全隐患

退出的水电站一般为装机非常小的老旧水电站，存在很多安全隐患。例如：生产设施老化、失修机组设备接近或超过报废年限仍在运行，部分机电设备不齐或失效水库大坝、压力前池、压力钢管、渠道漏水；无证上岗人员多且老龄化；部分水电站管理混乱，安全生产意识淡薄。这些水电站的退出有助于消除安全隐患。

（4）合理转型升级

引导规模较大、资产较好的水电站进行资产资本运作，同时推动一批县、乡、村水电站技改以水电精准扶贫扩大社会效益。推进农村水电增效扩容改造实施和电气化县建设，科学、合理发展转型升级。

第5章 农村水生态环境保护管理技术

5.1 农村水生态环境保护配套法规和相关文件解读

5.1.1 法律法规

5.1.1.1 《中华人民共和国水法》

1988年颁布实施的《中华人民共和国水法》是我国第一部关于水的根本大法,是为了合理开发、利用、节约和保护水资源,防治水害,实现水资源的可持续利用,适应国民经济和社会发展的需要而制定的法规。

为适应形势变化,针对新的问题,2002年8月29日中华人民共和国第九届全国人民代表大会常务委员会第二十九次会议修订了《中华人民共和国水法》,并自2002年10月1日起施行。

新的《中华人民共和国水法》总结了我国水利法制建设的经验,水资源面临的新形势、新任务,从"三个代表"和与时俱进的精神规定了新时期我国水资源管理的目标、方针、原则、体制和管理制度,标志着我国水利建设进入了现代化可持续发展地建设节水防污型社会。

新《中华人民共和国水法》的一个重要特点是重视水资源与人口、经济发展和生态环境的保护。改变了过去水污染防治与水资源综合开发、利用脱节的状况,建立了水功能分区制度和排污总量管理制度,使江河水质保护建立在水资源的承载能力的基础上。同时把节约用水放在突出位置,核心是提高用水效率,防止水源枯竭和水体污染。在社会水循环的末端,最终要连接自然水体,而水资源的总量和承载力有限,超过水体承载力的排污量会造成水体自净系统的破坏,给生态环境带来压力,长期积累必然会引起水体污染和水资源枯竭。为保护水资源、从源头上防治水污染,在社会水循环终端污废水经处理达标后排放,实施污染物指标控制和总量控制,防治和减少水体污染,实现水资源的可持续利用。

5.1.1.2 《中华人民共和国水污染防治法》

《中华人民共和国水污染防治法》是为了防治水污染、保护和改善环境、保障饮用水安全、促进经济社会全面协调可持续发展而制定的,法规于1984年5月11日第六届全国人民代表大会常务委员会第五次会议通过。2017年6月27日第十二届全国人民代表大会常务委员会第二十八次会议修订了《中华人民共和国水污染防治法》,并自2018年1月1日起施行。

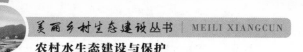

相较于 2007 年的《中华人民共和国水污染防治法》中的明确水污染防治应当坚持预防为主,防治结合,综合治理的原则;明确县级以上地方人民政府应当采取防止水污染的对策和措施,对本行政区域的水环境质量负责;防止水污染应当按流域或者按区域进行统一规划;全面推行水污染物排放许可制度,进一步规范排污口设置;完善饮用水水源保护区分级管理制度,明确饮用水水源保护区划定机关和争议解决机制,对饮用水水源保护区实行严格管理,在饮用水准保护区内实行积极的保护措施等,2017 年的《中华人民共和国水法》则显得更为规范化、标准化、严格化、具体化和人性化。在百度百科的评价中以及在环境方面工作者的眼里,2017 年《中华人民共和国水法》无疑是一次非常巨大的跨越,同时也是一次关于水环境问题的良好开端与新的开始。修订后的《中华人民共和国水污染防治法》对农村水污染防治提出了具体的要求。同时,强调了村镇污水防治,要求严格控制工业污染、村镇生活污染,防治农业面源污染。

例如:第五十二条规定:"国家支持农村污水、垃圾处理设施的建设,推进农村污水、垃圾集中处理。地方各级人民政府应当统筹规划建设农村污水、垃圾处理设施,并保障其正常运行。"第五十三条规定:"制定化肥、农药等产品的质量标准和使用标准,应当适应水环境保护要求。"第五十五条规定:"县级以上地方人民政府农业主管部门和其他有关部门,应当采取措施,指导农业生产者科学、合理地施用化肥和农药,推广测土配方施肥技术和高效低毒低残留农药,控制化肥和农药的过量使用,防止造成水污染。"第五十六条规定:"国家支持畜禽养殖场、养殖小区建设畜禽粪便、废水的综合利用或者无害化处理设施。畜禽养殖场、养殖小区应当保证其畜禽粪便、废水的综合利用或者无害化处理设施正常运转,保证污水达标排放,防止污染水环境。畜禽散养密集区所在地县、乡级人民政府应当组织对畜禽粪便污水进行分户收集、集中处理利用。"第五十七条规定:"从事水产养殖应当保护水域生态环境,科学确定养殖密度,合理投饵和使用药物,防止污染水环境。"

这些针对农业和农村水污染防治的政策,对新农村建设中水污染防治、污水处理等水环境事业提出了新的要求。在可持续发展战略的指引下,结合流域与区域管理,从农村水污染源头开始进行全程控制,对于全面建设社会主义新农村、保护广大农民的身体健康、实施可持续发展战略具有深远影响。

5.1.1.3 《中华人民共和国环境保护法》

《中华人民共和国环境保护法》是为保护和改善生活环境与生态环境、防治污染和其他公害、保障人体健康、促进社会主义现代化建设的发展制定的法规。由中华人民共和国第七届全国人民代表大会常务委员会第十一次会议于 1989 年 12 月 26 日通过,自通过之日起施行;由第十二届全国人民代表大会常务委员会第八次会议于 2014 年 4 月 24 日修订,修订之后的《中华人民共和国环境保护法》自 2015 年 1 月 1 日起施行。

新修订的《中华人民共和国环境保护法》专门提出农村环境污染防治的规定,其中第三十三条规定:"各级人民政府应当加强对农业环境的保护,促进农业环境保护新技术的使用,加强对农业污染源的监测预警,统筹有关部门采取措施,防治土壤污染和土地沙化、盐渍化、贫瘠化、石漠化、地面沉降以及防治植被破坏、水土流失、水体富营养化、水源枯竭、种源灭绝等生态失调现象,推广植物病虫害的综合防治。县级、乡级人民政府应当提高农村环境保护公共服务水平,推动农村环境综合整治。"第四十九条规定:"各级人民政府及其农业等有关部门和机构应当指导农业生产经营者科学种植和养殖,科学合理施用农药、化肥等农业投入品,科学处置农用薄膜、农作物秸秆等农业废弃物,防止农业面源污染。禁止将不符合农用标准和环境保护标准的固体废物、废水施入农田。施用农药、化肥等农业投入品及进行灌溉,应当采取措施,防止重金属和其他有毒有害物质污染环境。畜禽养殖场、养殖小区、定点屠宰企业等的选址、建设和管理应当符合有关法律法规规定。从事畜禽养殖和屠宰的单位和个人应当采取措施,对畜禽粪便、尸体和污水等废弃物进行科学处置,防止污染环境。县级人民政府负责组织农村生活废弃物的处置工作。"第五十条规定:"各级人民政府应当在财政预算中安排资金,支持农村饮用水水源地保护、生活污水和其他废弃物处理、畜禽养殖和屠宰污染防治、土壤污染防治和农村工矿污染治理等环境保护工作。"

《中华人民共和国环境保护法》经过 20 多年的理论研究和实践探索,已经逐渐形成了贯穿在各项环境与资源保护法律法规之中,形成了一些基本原则。毋庸置疑,这些基本原则的形成和发展,既是我国环境与资源保护实践的总结,同时也借鉴了许多国外的经验和教训。

5.1.2　"中央一号文件"

"中央一号文件"原指中共中央每年发的第一份文件,该文件在国家全年工作中具有纲领性和指导性的地位。"中央一号文件"中提到的问题是中央全年需要重点解决也是当前国家亟须解决的问题,更从一个侧面反映出了解决这些问题的难度。例如,我国是一个农业大国也是一个农业弱国,农民在全国人口总数中占有绝大的比例,农民的平均生活水平在全国处于最低层。而农村的发展问题千头万绪、错综复杂,因此,"三农"问题就是目前我国亟须解决的问题。因此,中共中央在 1982—1986 年连续 5 年发布以农业、农村和农民为主题的"中央一号文件",对农村改革和农业发展作出具体部署。近年来,每年发布以"三农"(农业、农村、农民)为主题的"中央一号文件",强调了"三农"问题在我国的社会主义现代化时期"重中之重"的地位。

5.1.2.1　2015 年"中央一号文件"

2015 年"中央一号文件"《关于加大改革创新力度加快农业现代化建设的若干意见》从主动适应经济发展新常态的要求出发,提出加强农业生态治理。实施农业环境突出问题治理总体规划和农业可持续发展规划。加大水污染防治和水生态保护力度。实施新轮退耕还林还草工程,扩大重金属污染耕地修复、地下水超采区综合治理、退耕还湿试点范围。推进重要水源地生态清洁小流域等水土保持重点工程建设。继续支持农村环境集中连片整治,加快推进农村

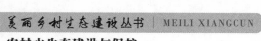

河塘综合整治,开展农村垃圾专项整治,加大农村污水处理和改厕力度,加快改善村庄卫生状况。加强农村周边工业"三废"排放和城市生活垃圾堆放监管治理。

5.1.2.2 2016 年"中央一号文件"

党的十八届五中全会通过的《中共中央关于制定国民经济和社会发展第十三个五年规划的建议》,对做好新时期农业农村工作作出了重要部署。各地区各部门要树立和深入贯彻落实"创新、协调、绿色、开放、共享"的发展理念,推进农业现代化,确保亿万农民与全国人民一道迈入全面小康社会。

"十二五"时期是农业农村发展的又一个黄金期。粮食连年高位增产实现了农业综合生产能力质的飞跃;农民收入持续较快增长扭转了城乡居民收入差距扩大的态势;农村基础设施和公共服务明显改善提高了农民群众的民生保障水平;农村社会和谐稳定夯实了党在农村的执政基础。实践证明,党的"三农"政策是完全正确的,亿万农民是衷心拥护的。

"十三五"时期推进农村改革发展,把坚持农民主体地位、增进农民福祉作为农村一切工作的出发点和落脚点。用发展新理念破解"三农"新难题,厚植农业农村发展优势,加大创新驱动力度,推进农业供给侧结构性改革,加快转变农业发展方式,保持农业稳定发展和农民持续增收,走产出高效、产品安全、资源节约、环境友好的农业现代化道路,推动新型城镇化与新农村建设双轮驱动、互促共进,让广大农民平等参与现代化进程、共同分享现代化成果。

5.1.2.3 2017 年"中央一号文件"

2017 年农业农村工作要全面贯彻党的十八大和十八届三中、四中、五中、六中全会精神,以邓小平理论、"三个代表"重要思想、科学发展观为指导,深入贯彻习近平总书记系列重要讲话精神和治国理政新理念、新思想、新战略,坚持新发展理念,协调推进农业现代化与新型城镇化,以推进农业供给侧结构性改革为主线,围绕农业增效、农民增收、农村增绿,加强科技创新,加快结构调整步伐,加大农村改革力度,提高农业综合效益和竞争力,推动社会主义新农村建设取得新的进展,力争农村全面小康建设迈出更大步伐。

一要优化产品产业结构,着力推进农业提质增效;二要推行绿色生产方式,增强农业可持续发展能力;三是壮大新产业、新业态,拓展农业产业链、价值链;四是强化科技创新驱动,引领现代农业加快发展;五要补齐农业农村短板,夯实农村共享发展基础;六是加大农村改革力度,激活农业农村内生发展动力。

5.1.2.4 2018 年"中央一号文件"

实施乡村振兴战略,是党的十九大作出的重大决策部署,是决胜全面建成小康社会、全面建设社会主义现代化国家的重大历史任务,是新时代"三农"工作的总抓手。农业农村农民问题是关系国计民生的根本性问题,没有农业农村的现代化就没有国家的现代化。必须立足国情农情顺势而为,切实增强责任感、使命感、紧迫感,举全党全国全社会之力,以更大的决心、更明确的目标、更有力的举措推动农业全面升级、农村全面进步、农民全面发展谱写新时代乡村全面振兴新篇章。

全面贯彻党的十九大精神,以习近平新时代中国特色社会主义思想为指导,加强党对"三农"工作的领导,坚持稳中求进工作总基调,牢固树立新发展理念,落实高质量发展的要求,紧紧围绕统筹推进"五位一体"总体布局和协调推进"四个全面"战略布局,坚持把解决好"三农"问题作为全党工作重中之重,坚持农业农村优先发展,按照产业兴旺、生态宜居、乡风文明、治理有效、生活富裕的总要求,建立健全城乡融合发展体制机制和政策体系,统筹推进农村经济建设、政治建设、文化建设、社会建设、生态文明建设和党的建设,加快推进乡村治理体系和治理能力现代化,走中国特色社会主义乡村振兴道路,让农业成为有奔头的产业,让农民成为有吸引力的职业,让农村成为安居乐业的美丽家园。

5.1.2.5　2019 年"中央一号文件"

相比 2018 年"中央一号文件"聚焦"乡村振兴",2019 年"中央一号文件"提出坚持农业农村优先发展,国家发改委产业经济与技术经济研究所副所长姜长云认为 2019 年的"中央一号文件"和 2018 年是一脉相承的:"在十九大报告里关于乡村振兴战略部分,就提出要坚持农业农村优先发展。我觉得今年'中央一号文件'提出坚持农业农村优先发展,就是十九大报告精神的贯彻,也是对去年'中央一号文件'的延续。"

"中央一号文件"指出,必须坚持把解决好"三农"问题作为重中之重,发挥"三农"压舱石作用,并提出决战决胜脱贫攻坚、夯实农业基础、加快补齐农村人居环境和公共服务短板等方面的内容。

发挥好农业压舱石作用,粮食安全不能放松;实施大豆、奶业振兴计划,行业发展迎良机;培育一批跨国农业企业集团;强调以农民为主体,流通、生产环节将加强建设;资本市场农业板块将获得明显的事件性机会。

5.2　农村水生态环境管理的现状和存在的问题

5.2.1　农村水生态环境管理的现状

环境管理是指各级人民政府的环境管理部门按照国家颁布的政策法规、规划和标准要求而从事的督促监察活动。水生态环境管理是政府环境管理部门从保护的角度,依据水生态环境保护的法规、规定、标准、政策和规划对水资源利用、水污染防治等过程进行的监督管理。

目前,美、日及欧洲的发达国家的城镇化水平较高。由于经济发展水平高、农村居民环境保护意识强,这些国家的农村水环境保护工作起步相对较早,也取得了较好的成效。在农村水环境保护中,大多数国家建立了以政府为主导的农村环保投入机制,成立了具有综合决策和协调能力的环境管理机构,制定了完善的补贴、税费等环境经济政策,同时配合以法规

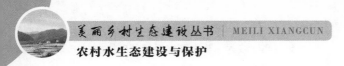
标准、治理技术、监管执法、教育培训等措施,形成了较完善的农村水污染防控体系。

受经济发展水平制约,我国 20 世纪水环境治理的重点在城市。21 世纪以来,国内农村水环境问题开始不断被关注,许多农村地区在政府的高度重视和大力支持下,积极开展农村水环境治理工作,在农村水环境的管理中取得了一定的成果,并积累了一定经验,主要包括:①城乡统筹,加大政府投入;②广泛吸收社会资本,拓展农村水环境治理资金来源;③运用市场机制,实现资金良性运转。

当前,随着新农村建设的进程,农村居民点正在由数量多、用地大、规模小向数量少、用地小和规模大的集约高效利用方式转变。在新农村建设中,水生态文明建设是其一项重要的工作,以水资源可持续利用、水生态体系完整、水生态环境优美、水文化底蕴深厚为主要内容的水生态文明,是新农村建设的资源基础、重要载体和显著标志。目前,我国水生态文明建设处于起步阶段,正确认识我国农村水生生态系统所面临的形势和存在的问题,有针对性地进行系统的保护与修复是推进生态文明建设、改善农村人居环境的关键。

2018 年 12 月,生态环境部发布的水质监测报告,目前全国有超过 70% 的河流、湖泊遭受不同程度的污染,北方地区污染程度较南方地区更为严重。全国有约 2.3 亿农村人口不同程度地受饮用水安全问题威胁。近年来,通过加大财力投入,大力推进农村环境综合治理、建设农村饮用水安全工程、加强农村改水改厕、加大农村环境基础设施建设等措施。2016 年,全国建制镇用水普及率已达 83.9%,污水处理率为 52.6%,全国乡用水普及率 71.9%,污水处理率 11.4%,农村生态环境污染加重趋势有所控制,但总体来看,农村水生态环境管理状况依然形势严峻。许多农村在治水路径选择和方法上出现明显问题。随着乡村振兴战略的不断推进,被严重破坏的农村水生态环境也亟待改善。面对当前新农村建设中面临的水资源短缺、水生态退化以及饮用水安全等突出问题,加强新农村建设中的水生态文明建设管理具有重要理论和实践意义。

5.2.2 农村水生态环境管理存在的问题

由于我国的环境管理体系大多是以防治工业污染和城市污染为目标建立的,并不适应农村水环境污染防治的特点。农村水生态环境管理是农村管理中最薄弱的环节之一,在现有的管理体制和管理模式下存在以下几个方面的问题。

5.2.2.1 农村环保机构设置不健全

《中华人民共和国水污染防治法》第四条规定,县级以上人民政府应当将水环境保护工作纳入国民经济和社会发展规划。县级以上地方人民政府应当采取防治水污染的对策和措施,对本行政区域的水环境质量负责。第六条规定:国家实行水环境保护目标责任制和考核评价制度,将水环境保护目标完成情况作为对地方人民政府及其负责人考核评价的内容。

第九条规定:县级以上人民政府环境保护主管部门对水污染防治实施统一监督管理。

交通主管部门的海事管理机构对船舶污染水域的防治实施监督管理。县级以上人民政府水行政、国土资源、卫生、建设、农业、渔业等部门以及重要江河、湖泊的流域水资源保护机构，在各自的职责范围内，对有关水污染防治实施监督管理。

第十一条规定：任何单位和个人都有义务保护水环境，并有权对污染损害水环境的行为进行检举。

当前，县级环保机构是我国最基层的环保系统，县级以下人民政府基本没有专职工作人员和专门的环保机构，虽然"综合管理部门"是名义上的县一级环保局，但对农业环境和农村生活考虑并不多。只有为数不多的乡镇一级设有环保办公室或者环卫所等环保机构，但其工作范围也仅限于乡镇卫生整治、农村工业这一块，对农村产生的生活污染、生活污水等严重的环境问题，则由于基层环保机构不健全，人员不齐整，很少能够考虑到这些方面的问题，从一定程度上加剧了农村环境的污染。至于城市污染向农村转移，乡镇企业的超标污染等更是无暇顾及。

5.2.2.2　法规体系尚不完备，环境管理存在盲区

农村水生态环境影响因素多、管理涉及面广，因此需要较为完善的法律、法规体系的支持。目前，我国涉及农村水环境管理的法律法规主要有《中华人民共和国水法》《中华人民共和国水污染防治法》等国家性的法律，及部分地方法规和条例。这些法律、法规和条例，在执行过程中多无针对农村特点和地方特色的细则，而我国现存的诸多水环境法规对农村水环境管理和污染治理的具体困难考虑不够。例如，目前对污染物排放实行的总量控制只对点源污染的控制有效，对解决面源污染问题的意义不大；对诸多小型企业的污染监控，也由于成本过高而难以实现。由于缺乏完备的法律、法规体系的支持，在实际工作中往往造成水环境管理存在盲区，影响管理的成效。

5.2.2.3　资金来源渠道不足，治理资金缺口较大

目前，农村水生态环境治理工作的资金主要来自各级人民政府。通过农村生活污水治理、农村连片环境整治、农村河道疏浚和清淤、社会主义新农村建设等方面的各种专项补助和财政拨款，国家、省、市财政提供了相当数量的资金用于农村水环境治理。少部分经济发达地区本着"谁出钱、谁受益"的原则，通过企业和农村居民自筹的方式也筹措了部分资金。但受农村居民环境意识薄弱和地方人民政府经济水平制约，广大农村地区的水环境治理资金仍然严重不足，各项配套也不能及时跟进，使得我国农村环境污染防治工作困难重重。例如，2015 年以后执行新的排污费制度在集中使用上依旧重点考虑的是城市工业企业，没有考虑对农村水环境污染的治理。一直以来，我国的污染防治资金大部分投向了工业和城市，用于农村环境保护的极为有限，而农村从政府的财政渠道却几乎得不到任何环境管理能力建设和污染治理的资金。

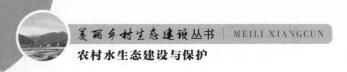

5.2.2.4　重视治理工程建设，轻视日常监督管理

在农村水生态环境治理方面往往偏重于污染治理工程、生态修复工程和调水工程的建设，轻视工程建成后的维护和日常监督管理。特别是农村污水收集和处理工程的长期运行费用得不到有效保障，影响了农村污水处理设施的正常运转，也给农村水环境治理的资金带来了一定的浪费。

5.2.2.5　信息资源公开有限，公众参与明显不足

长期以来由于管理主体不明确，加之缺少监测分析的专项资金，农村水环境的相关信息十分有限。已有的部分检测资料受部门利益的制约，也基本处于不公开状态。这种信息资源缺乏、不共享、不公开的局面直接影响公众对水环境质量和治理情况的了解，制约了公众参与的热情和效果。

5.2.2.6　农村自身特殊条件

除此之外，农村水环境污染还与农村自身所具有的特点和现状紧密相关：一是农村人口整体文化程度较低和小农意识强烈，造成农民及村干部环境整体意识和环保法律意识淡薄。二是由于农村经济落后，农民生活相对贫困，几乎将重点都放在了如何增加收入、提高生活水平上，以至于忽略了可能导致的环境问题，在一定程度上也加重了农村环境污染，从而形成农民贫困与农村环境污染之间的恶性循环。此外，我国农村的发展缺乏规划，居住点分布散乱，造成污染物的处理难度大，而农民传统的生活习惯方式也影响了对水环境污染的防治。

5.2.3　改善农村环境管理的基本内容与方法

5.2.3.1　加强农村环境管理的机构建设

根据环境保护目标责任制，农村各级人民政府应对本辖区的环境质量负责，即县长、乡镇长、村长应对本辖区内的环境质量负责。我国很多地区的农村经济发展水平较低、财政困难、缺乏专门机构和专业技术人员等，其环境管理机构建设滞后，这是造成农村环境污染比较严重的重要原因。因此，加强农村地区环境管理的机构建设，是今后一段时间内农村环境管理工作的重要方面。

5.2.3.2　制定农村及乡镇环境规划

乡镇环境规划，是在农业工业化和农村城镇化过程中防治环境污染与生态破坏的根本措施之一。通过乡镇环境规划，协调乡镇经济发展与生态环境保护的关系，防止污染向农村蔓延、扩散，保护农林牧副渔生态环境和自然生态环境。

在制定农村与乡镇环境规划时，要对乡镇环境和生态系统的现状进行全面的调查分析，依据地区经济发展规划、城镇建设总体规划以及国土规划等，对农村和乡镇范围内环境与生态系统的发展趋势，以及可能出现的环境问题作出预测；要实事求是地确定规划期内要完成

的环境保护任务和要达到的目标,并据此提出切实可行的对策、措施、行动方案和工作计划。

5.2.3.3 加强对乡镇工业的环境管理

(1)调整乡镇工业的发展方向

乡镇工业应严格遵守国家关于"不准从事污染严重的生产项目,如石棉制品、土硫黄、电镀、制革、造纸制浆、土炼焦、漂洗炼油、有色金属冶炼、土磷肥和染料等小工厂,以及噪声振动严重扰民的工业项目"的规定;重点发展支持和带动农业生产的项目,如农产品的加工、储藏、包装运输、代销等产前、产后服务业,在有条件的地方可适度发展小型采掘业、小水电和建材工业等。

(2)合理安排乡镇工业的布局

乡镇工业由于其技术含量较低,不论在资源利用还是在废物排放治理方面,都远落后于大规模的现代化工业。因此,必须十分重视其空间布局,严格遵守国务院《关于加强乡镇街道企业环境管理的规定》:"在城镇上风向、居民稠密区、水源保护区、名胜古迹、风景游览区、温泉疗养区和自然保护区内,绝对不准新建污染环境的乡镇、街道企业。已建成的,要采取关、停、并、转、迁的措施",切忌出现"村村点火,家家冒烟"的现象。

乡镇工业布局是小城镇建设中的一个重要组成部分,需要综合考虑当地的产业结构现状、自然地理状况、环境承载力、文化传统、生活习俗以及发展趋势,制定出合理可行的方案。

(3)严格控制新的污染源和制止污染转嫁

在对乡镇工业进行环境管理时,要严格执行环境影响评价和"三同时"制度,即所有新建、改建、扩建或转产的乡镇、街道企业,都必须填写环境影响报告表。同时,要严禁将在生产过程中排放有毒、有害物质的产品委托或转嫁给没有污染防治能力的乡镇、街道企业生产,对于转嫁污染危害的单位和接受污染转嫁的单位,要追究责任严加处理。

5.2.3.4 推广现代生态农业、防治农药和化肥的污染

农村人口、资源、环境、产业和景观的特殊性决定了农村生态系统的特殊性。农业不仅是农村的主体产业,而且也是影响农村生态系统的主要环节。

推广生态农业,防治农药和化肥的污染既是现代农业的重要内容,也是农村环境管理的重要方面。它主要包括:①正确选用农药品种和合理施用农药;②改革农药剂型和喷灌技术;③实行综合防治措施,如选用抗病品种,采用套作、轮作技术,逐步停用高残毒的有机氯、有机汞、有机砷农药等;④提高化肥利用率,增加有机肥的使用数量和质量。

5.2.3.5 创建环境优美乡镇和生态乡镇

创建环境优美乡镇是当前推动农村环境保护、加强环境管理的一个重要方面。2011年后,环境保护部将《全国环境优美乡镇考核标准》更名为《国家级生态乡镇申报及管理规定》,加速推进农村环境保护工作,建设农村生态文明。

5.3　农村水生态环境保护的管理措施

5.3.1　完善农村水生态环境保护配套法规

（1）修改与完善有关农村水环境保护的法律法规体系

环境立法是经济和环境相互协调发展的前提。发达国家的经验表明，只有加强法制建设才能从根本上解决农村面临的环境困境。因此，应结合我国农村的实际情况，建立农村水环境保护的法律法规制度，尽快完善我国的农村水环境保护的法律和法规体系，做到农村水环境保护有法可依。

（2）加大农村水环境保护法律法规的实施力度

在完善农村水环境保护法律法规体系的基础上，应不断健全农村水环境保护法律法规实施体系和保障机制，以保证法律法规的贯彻执行，实现自然资源的合理利用与生态环境的保护和改善，保障经济与环境的协调发展。特别应加大农村环境污染、资源滥用的执法力度、处罚力度，明确各执法主体的职责，建立健全农村环境执法机构，做到有法必依、执法必严、违法必究。

（3）合理创新法规政策模式

创新农村水环境管理法规政策模式，在涉及农村的污水处理及排放标准的制定和执行上不搞一刀切。针对农村地区的资源性缺水现状，在执行生态环境部、住房和城乡建设部联合下发的《关于加快制定地方农村生活污水处理排放标准的通知》时，要创新理念，结合各地实际，减少不必要的监测项目，重点监控生化需氧量、化学需氧量、总氮、总磷四项指标，不以排放口为监测评价唯一标准。进一步因地制宜，有针对性地制定适合本省、自治区、直辖市农村实际的生活污水处理设施水污染物回用标准，对远离城市污水收集管网、无排放去处及山区等土地资源较为丰富的村庄，应重点在资源利用上下功夫，鼓励以污水处理后就地资源利用为主，以提升农村水生态环境水平。借鉴发达国家的做法，每年出台农村小型污水处理技术规范和案例选编，采取先进的典型引路和政策激励等措施推动农村的村庄污水减排和多级利用，使法规和技术规范具有可操作性。

5.3.2　建立健全农村水生态环境保护管理制度

5.3.2.1　建立农村水生态环境保护规划制度

现有与水生态环境保护相关的法律是《中华人民共和国水法》《中华人民共和国水土保持法》《中华人民共和国水污染防治法》《中华人民共和国环境保护法》，行政法规是《取水许可证制度实施办法》《中华人民共和国河道管理条例》《河道管理范围内建设项目管理的有关规定》《水利产业政策》《中华人民共和国水污染防治法实施细则》《城市节约用水条例》等，此外水利、环境保护等部门还颁布了《取水许可水质管理规定》及各大水系水质监测站网管理办法等部门规章。在这些法规中以上制度框架中水污染防治的有关制度规定得较全面，但鉴于水污染防治仅仅是水生态环境保护的一个部分，有些制度如"三同时"制度、影响评价制度、重大水污染事故应急处理制度，特别是船舶污染事故处理制度，需要进一步扩充和完善；经济制度中现行《中华人民共和国水法》和《中华人民共和国水污染防治法》已经规定了排污收费制度、水资源费征收制度、水费征收制度等，《水利产业政策》提出了建立水环境生态补偿机制。《中华人民共和国水法》中应进一步分清各种征收、使用范围并考虑国家的税费政策；法律责任现有法规都有涉及，但仅对现有制度而言对新设的制度还需设置相应的法律责任。就水资源保护而言，应结合《中华人民共和国刑法》设置破坏环境资源保护罪，强化刑事责任的规定；水生态保护监督管理制度现行《中华人民共和国水法》涉及较少，规划制度在《水利产业政策》中有规定，《中华人民共和国水污染防治法》也规定了水污染防治规划制度，但在修订《中华人民共和国水法》时还须进一步强化，理顺水生态环境保护规划与综合利用规划、水污染防治规划的关系；监测制度除《中华人民共和国水污染防治法》规定了流域机构负责省界断面水质监测外，其他都是由部门规章规定的实际监测中造成了重复和交叉，《中华人民共和国水法》修订应进一步明确；水功能区划制度有别于传统的水域或水环境功能区划，应详细规定。

5.3.2.2　开发利用中的水生态保护制度

（1）水生态影响评价制度

为防止宏观决策或具体的建设项目对环境或资源造成负面影响，在项目或政策实施前进行影响评价，以避免不可逆转的对环境或资源的破坏，采取措施减免不利影响，这就是影响评价制度。

我国建立的水环境影响评价制度也仅限于具体的建设项目，影响评价内容由于具体项目的不同而有所区别。一般水工程都考虑了生态与环境两个方面的影响评价，内容较全面。但一些污染项目目前的评价内容仅限于排放污水对水质的影响。开发利用活动其影响绝不仅仅限于水质，它还包括对水量的影响，对第三者权益的影响。对水生态的影响活动也不仅限于排放污水的项目，其他非排放污水的项目，也会对水生态形成影响。《中华人民共和国水法》中有必要借鉴环境影响评价的原则和方法，建立水生态影响评价制度，对影响水资源的一切活动进行影响评价，禁止对水资源造成不可逆影响的开发利用活动，对采取措施可避免的不利影响采取减免和补救等保护措施，并建立合理的补偿机制。

（2）渔业利用的水生态环境保护制度

渔业利用的水生态环境保护主要是针对人工渔业养殖，在我国的一些湖泊、水库因渔业养殖造成水污染及湖泊富营养化问题时有发生，并且因为一个水域因渔业养殖影响城市供水及其他的用水。这种情况在我国一些承包经营集体所有制的池塘、水库及一些湖泊中表现得更为严重。

我国当前水问题表现为严重的有机污染和湖泊富营养化,在这些水体中如果不对渔业养殖进行控制,污染程度会进一步加重。《中华人民共和国水法》中应对此进行规定。

(3)航运利用的水生态环境保护制度

《中华人民共和国水污染防治法》规定了船舶污染防治的有关条款,也规定了船舶水污染事故的管理权限,但还不完善。《中华人民共和国水法》应考虑对航运利用的水生态环境保护作较全面的规定。

(4)水利水电开发中的水生态环境保护制度

水利水电开发中的水生态环境保护涉及三个问题:一是合理流量和合理水位问题,二是综合利用问题,还有一个是维持水体生态功能的问题,在现行《中华人民共和国水法》和《中华人民共和国水污染防治法》中有所规定。过去在开发利用和调节调度水资源时,因这方面考虑不够,造成过一些不利影响。水利水电工程还有一个综合利用问题,如水力发电应兼顾航运和生态用水的需要。现行《中华人民共和国水法》《中华人民共和国水污染防治法》和《水利产业政策》对水利水电开发中的水生态环境保护制度已进行了规定。

(5)农业开发的水生态环境保护制度

主要是针对农田排水中化肥、农药的问题,我国因农药、化肥使用不当造成水生态环境问题十分严重,特别是一些湖泊及平原河网地区。化肥的不合理使用还造成了我国地下水的硝酸盐污染。为控制我国湖泊富营养化的发展,《中华人民共和国水污染防治法》修订时增加了农业开发的污染防治问题。《中华人民共和国水法》修订有必要关注农业开发对水生态环境的影响问题,并最好对农业开发部门和水生态环境保护部门之间的衔接作出明确规定。

5.3.2.3　实践与落实河长制

自河长制提出以来,各省、自治区、直辖市分别出台相关文件,取得了一系列的成效。各地完善了河长制有关制度,明确了长效管理措施、经费和管理队伍;对河湖的基本情况进行了摸查,收集和整理了河湖的相关资料,针对每一条河流和每个湖泊建立了完善的档案管理系统,并结合实际开展"一河一策"管理模式;建立自上而下各层级、各部门领导负责的河长制,明晰了管理职责,各级河长利用职权协调各部,形成工作合力,实现联防联控,破解"多龙治水"责任不明的问题;强化了行政考核和社会监督,督促法律的严格执行,发动社会力量参与治理监督河道水环境;有效改善了河湖的水生态环境状况,缓解了水危机。

河长制历经近10年的逐步建立和推行发展,给河湖管理工作注入了新的活力,在体制机制上取得了一些突破,积累了不少经验,但仍然面临着一些难题需要破解。要紧紧盯住维护河湖健康生命这一目标,抓住党政领导负责制这个关键,突出以问题为导向这个根本,着眼于树立整体性政府理念,实现各部门间的职能、结构和功能的转化、整合,搭建公众参与的多种渠道,推动社会共治。

(1)需要进一步破解的难题

1)河长制法律制度需适度构建。

目前,只有少数地区以政府令的形式赋予河长职责,但具体到落实,依然存在法律手段缺位问题。大多数地区还是以行政命令、外力强迫为主推动,使得这项工作具有临时性、突击性的特点,不少河长缺乏内在持久动力。

2)基层河长权责不对等。

县级以下河长承担的责任大,大多数河长是副职领导或部门、街道和乡镇领导,甚至是村委会干部,缺乏必要的工作手段和协调推进能力,尤其在人事管理、资金调配等关键环节协调管理难度大,履职力不从心。

3)协同机制持久性不够。

尽管有联席会议制度,但是部门之间条块割据、边界模糊。通常是由水利部门牵头负责河湖日常管理工作,发改、环保、公安、交通、农业(林业、渔业)等部门要按照职责分工密切配合,形成合力的机制难以持久。

4)考核体系有待完善。

地方河长考核主要以结果为导向,以水质改善目标为主,但水质改善是一项长期的过程,必须细化和分阶段选取合适的考核指标,既要考虑各地区的自然禀赋,也要考虑经济社会条件。

(2)推进和发展河长制

1)落实领导责任,切实发挥河长职责。

全面推行河长制,核心是实行党政领导,特别是主要领导负责制。山水林田湖是一个生命共同体,江河湖泊是流动的生命系统,河湖之病表现在水里,根子在岸上。要解决河湖管理保护这个难题,必须实行"一把手"工程。要尽快明确省、市、县、乡四级河长,建立党政主要领导挂帅的河长制责任体系。担任河长一定做到重要情况亲自调研、重点工作亲自部署、重大方案亲自把关、关键环节亲自协调、落实情况亲自督导,真正做到守河有责、守河担责、守河尽责。

2)坚持问题导向,切实抓好河湖保护。

河长制明确了保护水资源、防治水污染、改善水环境、修复水生态、水城岸线管理保护以及执法监督管理等6项主要任务。各地河湖自然禀赋不同,面临的主要问题各异,必须坚持问题导向,从当地实际出发,因地制宜,因河施策,系统治理,统筹保护与发展、水上与岸上,着力解决河湖管理保护的突出问题。对生态良好的河湖要突出预防和保护措施,强化水功能区管理维护河湖生态功能;对生态恶化的河湖要健全完善源头控制、水陆统筹、联防联控机制,加大治理和修复力度,尽快恢复河湖生态;对农村河湖要加强清淤疏浚、环境整治和清

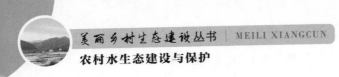

洁小流域建设,狠抓生活污水和生活垃圾处理,着力打造美丽乡村。

3)强化监督,检查切实严格考核问责。

强化监督检查,严格责任追究,确保全面推行河长制工作落到实处、取得实效。要建立河长制工作台账,明确每项任务的办理时限、质量要求、考核指标,加大督办力度,强化跟踪问效,确保各项工作有序推进,按时保质完成。要把全面推行河长制工作考核与最严格水资源管理制度考核有机结合起来,与领导干部自然资源资产离任审计有机结合起来,把考核结果作为地方党政领导干部综合考核评价的重要依据,倒逼责任落实。

4)加强协调配合,凝聚工作合力。

河湖管理保护涉及上下游、左右岸、干支流,涉及不同行业、不同领域、不同部门。各地要从全流域出发,既要一河一策、一段一长、分段负责,又要通盘考虑、主动衔接、整体联动。各部门要树立"全河一盘棋"观念,各司其职,各负其责,密切配合,协同推进。充分发挥河长制统筹协调、督促检查、推动落实等重要作用着力,形成齐抓共管、群策群力的工作格局。要加大新闻宣传和舆论引导力度,增强社会公众对河湖保护管理工作的责任意识和参与意识,凝聚起全社会珍爱河湖、保护河湖的强大合力,以推行河长制,促进河长治。

5.3.3　制定有效的农村水环境管理经济政策

5.3.3.1　适度增加各级人民政府的补贴,推进农村水环境治理

调查发现,各地在农村河塘整治方面的投资意愿高于对农村污水净化设施的投资意愿。原因在于:村庄开展河塘整治后村容村貌发生改变,本地居民对政府工作评价高,对地方人民政府形成有效激励;但在污水净化设施建设方面,本地居民的意愿并不强烈,地方人民政府也不太愿意进行相关投资。因此,一方面应通过立法、教育、绩效考核等多种手段提高地方人民政府和居民对农村水环境治理全面性的认识,引导其参与到设施的建设与管理过程;另一方面,对水环境治理中的部分工程,提高对工程建设成本的补贴强度,更有效地发挥省级资金的引导、推动作用。此外,更应将农村水环境治理工作与社会主义新农村建设、生态镇建设等工作结合开展,同时鼓励农村集体和群众自筹资金、其他社会资金参与农村水环境治理工程的建设。

5.3.3.2　优化资金分配,更好地发挥政府资金的引导、带动作用

由于不同地区经济发展水平、镇村经济实力存在较大差异,从优化国家省级资金配置效率角度出发,应采用差别化的资金分配策略。对于经济高度发达地区,地方人民政府财政收入较高,农村水环境治理的需求较高,农村水环境治理应着重于城乡生活污水治理的整体,推进农村人居环境的提升,在补助项目数量上可适度增加,但单个项目建设成本补贴额度应低于一般发达地区。而对于一般发达地区,由于地方人民政府财政收入相对有限,且部分地区居民对水环境治理的需求较低,农村居民点周边水环境质量相对较好,农村水环境治理的

需求没有高度发达地区那样迫切,农村水环境治理应遵循由点到面、循序渐进的原则。在合理规划农村发展定位的基础上,通过严格控制污染源,针对性地建设水环境治理项目,适度提高单个项目省级财政补贴的额度和比例,同时根据地区财政支出能力、项目运营管理能力等适度控制项目建设速度和规模。

5.3.4　科学规划,正确处理开发与保护的关系

水资源开发利用和保护环境与生态是密切相关的。水资源开发必须考虑综合利用满足保护环境与生态的需要,以确保水资源开发对环境与生态的影响。在可承受的范围内,使流域经济社会和环境与生态协调,实现可持续发展的目标。实施流域水资源的综合开发利用,必须充分发挥流域综合规划的指导作用,水资源开发专项规划要服从流域综合规划,并应按流域综合规划要求,科学合理和适度有序地进行,要制止无序盲目地过度开发水资源,避免对环境与生态造成破坏。

5.3.4.1　将农村水生态保护纳入总体规划目标

统筹开发与保护有序、合理适度开发水资源。要同时编制流域重要湿地(含湖泊)水生态保护与恢复专项,规划保护生物多样性,维持生态系统正常功能,保证水生态安全。

5.3.4.2　水生态建设与保护并存

应首先从生态与环境的角度确定流域内生态敏感区域和敏感因子,如重要自然保护区、重要湿地、珍稀和特有水生生物栖息地、重要的自然和文化历史遗产等作为重点保护目标。在制定规划时,作为控制水资源开发利用的程度与判断开发方案合理性的重要依据。即在水生态建设项目的规划阶段,贯彻"在保护中开发"的原则,以明确保护的目标;在水生态建设具体项目实施中,落实"在开发中保护"的各项具体措施,确保规划目标的实现。

5.3.4.3　协调好开发利用中各地区、各部门之间的关系

河流具有灌溉、航运、发电、供水等多种功能,规划中要处理好开发利用中各地区、各部门之间的关系。为保障水环境安全,确定水功能区目标及相应纳污能力,提出水资源保护规划方案,以饮用水水源地保护为重点,加强供水水源地保护。水生生物是河流生态系统的重要组成部分,生物多样性是评价河流健康状况的一项重要指标。因此,要把维护河流水生生物多样性尤其是特有鱼类和珍稀物种的保护放在重要的位置。

5.3.4.4　严格实施农村水生态建设项目的环境影响评价

重点在规划实施后对河流水资源、水生态与水环境的安全,特别是生态敏感区的生态与环境可能产生的叠加、累积影响进行评估,并从流域综合管理的角度对流域内大中型水利水电工程为满足生态与环境要求的运行调度提出统一要求。对梯级水库进行多目标联合调度,重点满足防洪生态与环境保护的需要。

5.3.4.5　维护农村水生态承载能力

要按照维护河流健康生命的要求,研究河流可利用的水资源量和合适的水资源利用率,核定初始水权、排污权,建立各地区的水量分配制度,要加强对水资源的规划管理,保证城乡居民的生活、农业、工业和生态与环境用水需要,统筹协调供水、节水、污水资源化与水资源保护。逐步实现地表水和地下水的统一管理。结合水资源承载能力和水环境承载能力,对产业结构的调整与合理布局提出建议。

5.3.5　加强水环境监控完善应急预案

水环境监控是水资源保护和水污染防治的重要基础性工作,是及时监测预警、区分污染责任、掌握水质状况和排污总量、保障饮用水安全的根本要求,是科学、有效地开发利用和保护与管理水生态环境的关键,是水生态保护规划和水污染防治规划顺利实施的有力保障。

5.3.5.1　水环境监控范围全面覆盖,突出重点

水环境监控范围全面覆盖主要有:地表水环境监控(河流、湖泊、水库等地表水体水量水质监控、水污染源监控、排污口监控)、地下水环境监控(各种类型地下水、不同地球化学背景特征地下水、地下水供水水量水质和污染状况的监控)、大气降水水环境监控(大气降水水质和酸雨污染状况监控)。

水环境监控重点:一是重点污染企业、污水处理厂和省、市、县交界断面的在线联网监测监控;二是饮用水水源地和重要用水户实行实时自动监测监控;三是主要河流、湖泊、水库、调水工程沿线、国控考核断面、行政交界断面监测监控;四是突发水污染事件及时调查监测。

5.3.5.2　水环境监控体系建设科学合理

(1)统一规划,科学布局

统一水环境监控系统建设总体规划,科学设计,优化布点,整合环保、水利、农林、建设、渔业、气象等部门现有设施和资源,避免重复建设、重复投资。

(2)统一标准,分头建设

统一制定水环境自动监测站建设标准和规范,由环保、水利等部门及有关省、自治区、直辖市人民政府根据站点性质,分别承担相应的建设任务。

(3)统一平台,资源共享

统一建设水环境信息共享平台,制定数据收集、传输、处理的标准和流程,确保各部门数据的互联互通,实现信息资源共享。

(4)统一主体,委托管理

水环境监控系统所有权统一归国家。各有关部门和省、自治区、直辖市结合实际确定维护运营单位实行委托管理。

5.3.5.3　水环境信息管理系统快捷高效

健全信息管理系统和传输系统,实现国家各部门和地方各监控体系之间实时通信与信息交换,建成完善的水环境决策支持系统,及时预报水环境信息。

5.3.5.4　水环境监控能力建设现代化

常规监控监测仪器设备、大型精密仪器设备、移动实验室及仪器设备、自动监测设施等监控硬件和软件建设现代化,做到"测得到、测得准、报得出",满足水资源统一保护与管理现代化的要求。

5.3.5.5　增强水环境应急处置能力,完善应急预案

加强水污染事故应急准备,宣传教育与演习,增强水污染事故报告与调查救援处置,提高水污染应急监测处置技术,全面增强水环境应急处置能力。完善水污染事故应急预案必须做到以下几点:一是水污染事故报告及时记录清晰,准确记录事件发生的时间、地点、原因、污染物名称、受污染对象、污染程度等。二是应急处理,应急指挥部接水污染事故报告后,指令各应急小组携带环境监察应勘验设备、取证设备迅速到达事故现场,应急小组开展现场调查,确定污染物性质、种类、数量、污染水域概况、已污染范围和污染趋势,提出事故初步控制、处理意见、情况上报领导,应急监测小组进行现场监测布点,划定污染区域和影响区域,视污染程度发布污染警报;参考专家意见提出污染控制、处置方案削减污染物,防止扩散,跟踪调查污染控制情况,根据监测数据采取进一步措施消除污染,污染动态、处理情况续报领导,直至污染消失。三是事故原因及时调查总结,调查事件原因,现场取证,确定责任人、事故处理总结、事故调查书面报告、总结报告。

参考文献

[1] 朱洪清.农村河流健康维护的思考[J].江苏水利,2013(2):25-26.

[2] 龚琦.基于湖泊流域水污染控制的农业产业结构优化研究——以云南洱海流域为例[D].武汉:华中农业大学,2011:16.

[3] 王建芳,陈新鹏,占怡玉,等.湖泊流域农村水环境现状的公众意识调查[J].湖北师范学院学报(自然科学版),2012,32(3):10-16.

[4] 罗文泊,盛连喜.生态监测与评价[M].北京:化学工业出版社,2011.

[5] 管慧.构建养殖水体和谐生态系统[J].黑龙江水产,2011(6):44-45.

[6] 陆海明,孙金华,邹鹰.农田排水沟渠的环境效应与生态功能综述[J].水科学进展,2010,21(5):720-725.

[7] 姜明栋,杨晓卉.农村水生态文明建设研究进展[J].环境污染与防治,2019(10):1239-1244.

[8] 罗建红.农村水环境保护及治理对策研究[J].中国资源综合利用,2019,37(7):128-130.

[9] 李勇,李海燕,赵应权.沉积物粒度特征及其对环境的指示意义——以濠河为例[J].吉林大学学报(地球科学版).2015,45(3):918-925.

[10] 谷孝鸿,毛志刚,丁慧萍,等.湖泊渔业研究:进展与展望[J].湖泊科学.2018,30(1):1-14.

[11] 马芊芊.以浮游生物完整性指数评价长江上游干流宜宾至江津段河流健康度[D].重庆:西南大学,2015:7-8.

[12] 陈水松,唐剑锋.水生态监测方法介绍及研究进展评述[J].人民长江,2013,44(S2):92-96.

[13] 孙峰,黄振芳,杨忠山,等.北京市水生态监测评价方法构建及应用[J].中国环境监测,2017,33(2):82-87.

[14] 冯赛,陈菁.农村水环境治理[M].南京:河海大学出版社,2013.

[15] 熊文.水资源保护和水生态保护关键技术[M].武汉:长江出版社,2011.

[16] 熊文.河长制河长治[M].武汉:长江出版社,2017.

[17] 刘俊良,马放,张铁坚.村镇污水低碳控制原理与技术[M].北京:化学工业出版社,2016.

[18] 叶文虎,张勇.环境管理学[M].北京:高等教育出版社,2013.

[19] 许永占.北方农村饮水安全问题及对策[J].北京农业,2013(15):287-288.

[20] 王军,王文武.生态文明视角下的北方地区农村水生态环境管理[J].环境与可持续发展,2019,44(4):16-18.

[21] 霍正刚,何海波.新农村水生态文明体系管理模式研究综述[J].合作经济与科技,2015(11):82-83.

[22] 国务院发展研究中心—世界银行"中国水治理研究"课题组.中国水安全现状的系统评价与问题清单[J].发展研究,2018(4):9-14.

[23] 姜明栋,杨晓卉.农村水生态文明建设研究进展[J].环境污染与防治,2019,41(10):1239-1244.

[24] 张汉松."十三五"时期农村饮水安全巩固提升现状、问题与对策[J].水利发展研究,2017(11):57-60,81.

[25] 周振.电力环境保护[M].北京:中国电力出版社,2019.

[26] 刘建军.水利水电工程环境保护设计[M].武汉:武汉大学出版社,2018.

[27] 刘德富.湖北水电环境保护[M].武汉:长江出版社,2015.

[28] 王夏晖,陆军,熊跃辉,等.农村环境连片整治技术模式与案例[M].北京:中国环境出版社,2014.

[29] 孙慧,龚壁,卫胡波.农村水电站引起的生态环境问题及补偿措施初探[J].长江科学院院报,2013,30(3):12-15.

[30] 曾晓旦.江西农村水电发展的几点思考[J].中国水能及电气化,2015(1):3-7.

[31] 艾志强,陈少妹,刘伟,等.农村水电站河道减脱水调查及其管理策略[J].农村水利水电,2019:37-40.

[32] 廖庭庭.福建省农村小水电退出与转型升级试点探讨[J].水利科技,2016(3):53-56.